水族館

aquarium trip

はじめに

今、少しずつ平穏に戻りつつある世の中で、
多くの制限に囲まれていた時期が過去になろうとしています。
動物園や水族館の動物たちは、コロナ禍なんて知りません。
長く続いた臨時のお休みに
「なんとなく様子が違う」と感じた動物もいたかもしれないし
まったく気にしていなかった動物もいたでしょう。
それも含めて毎日が過ぎていき、今、そしてこれからに続いていきます。

それは飼育員さんたちの心づかいや、懸命な努力で保たれた日常です。
動物たちをわずらわせない、不安にさせない、生活を変えない。
人間社会の不安を見せずに目の前の動物たちと真摯に向き合うこと。
動物や飼育に対しての知識や経験はもちろん、深く大きな愛情が動物たちを守り、
それによって動物たちの普段通りの元気な姿に、会いに行くことができます。

そして動物園や水族館には、動物の姿を多くの人に知らせ、
親しんでもらうといったことの他にも大切な役割があります。
種を守り、次代につないでいくという役割です。
繁殖に力を入れる園館がたくさんあります。
それはかわいらしい赤ちゃんを見てもらうためだけではなくて
動物の種の保存という役割を担っていることも多いのです。
そのため展示をしないバックヤードで
希少な動物を飼育している園館も少なくありません。

それぞれの動物の生息地の環境を再現するような飼育場、
生態に合わせて行う飼育やショー、トレーニング。個々の性格に寄り添ったお世話……。
施設の運営も、それぞれの飼育員さんも
そこにいる動物のためにできることを懸命に探りトライする。
その積み重ねが、来訪者の目にする動物たちの
イキイキとした自然な姿につながっています。

本書で紹介できるのは動物たちや動物園、水族館のほんの一面です。
気になる動物がいたら、ぜひ会いに行ってみてください。
よく見られる仕草や表情、得意のパフォーマンスがあっても
動物たちの日々の姿に、ひとつとして同じことはありません。
赤ちゃんが生まれたり、他の施設との間で移動があったりと、
その動物園、水族館で会える動物も変化していきます。
動物たちの巣のままの姿を見て楽しんだり
パフォーマンスに興奮したり、動物たちと交流を図ったり。
訪れるたびに、いろいろな出会いや発見があるはずです。

INDEX

本書のみかた

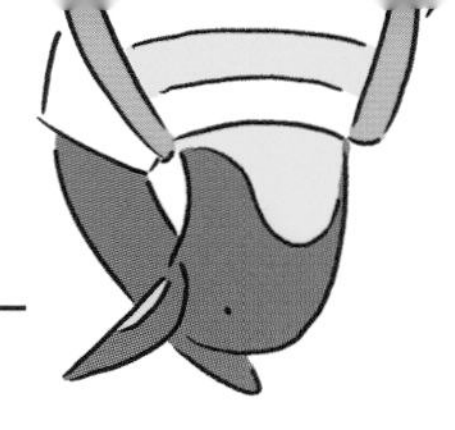

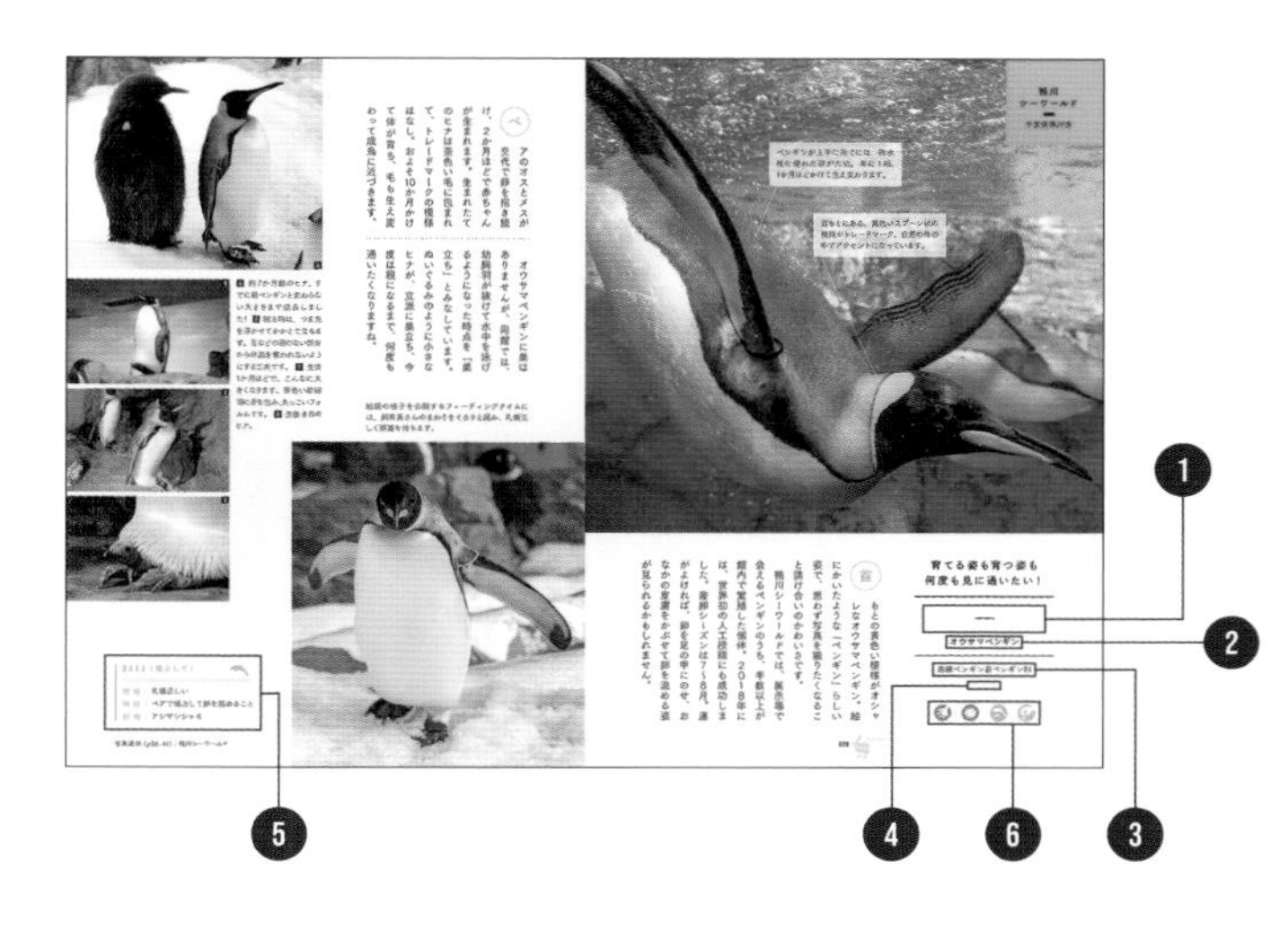

1. 紹介する動物の愛称。愛称がない等の場合は「—」と表記しています。
2. 紹介する動物の種類。
3. 紹介する動物の分類。綱（こう）、目（もく）、科（か）を表記しています。
4. 紹介する動物の生年月日と性別（一部除く）。特定の動物を紹介していない場合は空欄となっています。
5. 紹介する動物の性格・特技・好物。２ページにわたり紹介している動物のみ表記しています（一部除く）。
6. 紹介する動物に関する情報です。それぞれ該当する場合は色がついています。

紹介する動物に触れることができます。

紹介する動物の親子や兄弟・姉妹も見学することができます。同じ展示場にいない場合も含みます。

該当しない場合は左のように色がついていません。

紹介する動物のパフォーマンスやトレーニングの様子を見ることができます。

紹介する動物がエサを食べているところを見学できます。一部、エサをあげることができる場合も含みますが、必ず事前に情報をお確かめください。

Category

01

HOKKAIDO

北海道／東北

TOHOKU

03 北の大地の水族館　山の水族館

P016

滝つぼを見上げたり、凍った川の下をのぞいたり、いつもと違う視点で生き物の世界を体験できます。自然の中の魚たちの動きは想像以上の迫力。イトウやエゾサンショウウオなど北海道ならではの生き物も見逃せません。

住所●北海道北見市留辺蘂町松山1-4　**電話**●0157-45-2223　**開館**●8:30～17:00（11月～3月9:00～16:30、入館は20分前まで）　**休み**●4月8日～14日、12月26日～1月1日　**料金**●小人無料～440円、大人670円ほか　**駅**●JR石上本線留辺蘂駅から北海道北見バス、道の駅おんねゆ温泉下車徒歩2分　**HP**●https://onneyu-aq.com

04 男鹿水族館GAO

P020

水量約800トンの「男鹿の海大水槽」の他、秋田県の県魚ハタハタを展示する「ハタハタ博物館」などオリジナリティ溢れる展示が魅力。ホッキョクグマの豪太をはじめ、約400種1万点の生きものを飼育展示しています。

住所●秋田県男鹿市戸賀塩浜　**電話**●0185-32-2221　**開館**●9:00～17:00（入館は閉館1時間前まで）※季節変動あり　**休み**●HPを確認　**料金**●小人無料～500円、大人1300円ほか　**駅**●JR男鹿線男鹿駅から男鹿半島あいのりタクシーなまはげシャトル約45分　**HP**●http://www.gao-aqua.jp

05 仙台うみの杜水族館

P024

豊かな三陸の海を再現した大水槽やツメナシカワウソなど、世界中の個性的な生きものの展示が魅力。大人気のイルカ、アシカ、バードによるパフォーマンス「STADIUM LIVE」では、臨場感をたっぷり楽しめます。

住所●宮城県仙台市宮城野区中野4-6　**電話**●022-355-2222　**開館**●9:00～17:30（入館は閉館30分前まで）　**休み**●無休　**料金**●小人無料～1700円、大人1800～2400円ほか　**駅**●JR仙石線中野栄駅から徒歩15分　**HP**●http://www.uminomori.jp

06 アクアマリンふくしま

P028

福島県沖で見られる潮目（潮流の境目）をテーマにした同館は、潮目を表現した三角形のトンネル水槽が見どころ。「北の海の海獣・海鳥」エリアでは世界で唯一飼育されているクラカケアザラシに出会えます。

住所●福島県いわき市小名浜字辰巳町50　**電話**●0246-73-2525　**開館**●3月下旬～11月／9:00～17:30、12～3月中旬／～17:00（入館は閉館1時間前まで）　**休み**●無休　**料金**●小人無料～900円、大人1850円ほか　**駅**●JR常磐線泉駅から新常磐交通バス、イオンモールいわき小名浜バス停下車徒歩5分　**HP**●https://www.aquamarine.or.jp

AQUARIUM DATA

01 おたる水族館

P008

積丹半島の大自然に囲まれた水族館。海を仕切っただけのプール「海獣公園」では様々な種類のアザラシを飼育展示。ペンギンたちの「雪中さんぽ」など積雪エリアならではの冬季限定イベントも見ものです。

住所●北海道小樽市祝津3-303　**電話**●0134-33-1400　**開館**●3月中旬～10月中旬／9:00～17:00、10月中旬～11月下旬／～16:00、12月中旬～2月／10:00～16:00（入館は閉館30分前まで）　**休み**●11月27日～12月15日　**料金**●小人無料～700円、大人1800円ほか　**駅**●JR函館本線小樽駅から北海道中央バス、おたる水族館バス停下車徒歩1分　**HP**●https://otaru-aq.jp

02 サケのふるさと 千歳水族館

P012

サケや北海道の淡水魚を中心に、世界各地の淡水生物に会うことができる、北海道最大の淡水魚水族館。千歳川の中をのぞく水中観察窓では、四季折々に繰り広げられる生きものたちの営みを直接観察できます。

住所●北海道千歳市花園2-312　**電話**●0123-42-3001　**開館**●3～11月／9:00～17:00、12～2月／10:00～16:00　**休み**●12月29日～1月1日、メンテナンス休館（1月中・下旬）　**料金**●小人無料～300円、大人400～600円ほか　**駅**●JR千歳線千歳駅から徒歩10分　**HP**●https://chitose-aq.jp

穴に隠れて暮らしていた生後1週間の頃のルル。お母さんが呼ぶと出てくる様子に飼育員さんもメロメロでした。

世界最小種のアザラシ
小さいけれど大人です

ルル＆ピセ

ワモンアザラシ

哺乳綱食肉目アザラシ科
ルル▶2008年／♀　ピセ▶2013年／♀

お客さんに「アザラシの赤ちゃんだ」と言われることが多いけれど、2頭とも立派な大人。国内で数館でしか飼育されていない世界最小種のアザラシです。

赤ちゃんの時、姿が見えなくなって飼育員さんを青ざめさせたルル。体雪に穴を掘って隠れていました。体の小さなワモンアザラシの習性で、飼育員さんも野生のたくましさを感じ入ったそうです。その後もしばらくは穴に隠れ、お母さんに呼ばれるとお乳を飲みに出てきていました。

臆病なルルと、気が強く好奇心旺盛なピセ。ピセはいつもルルの魚を狙っていて、2頭は微妙な距離感で暮らしているよう。元は野生で暮らしていたピセはいろいろな魚を食べますが、水族館生まれのルルは基本のイカナゴ以外嫌がるなど食の好みも違います。でも陸場の岩の裏側にコウモリのように張り付くのが好きという謎の行動が共通しているのだとか。

エサは1日1回の日もあれば、5回ということも。月に一度の体重測定に出会えたらラッキーです。

A 引っ込み思案なので写真が撮りにくいと言われているルル。でも意外と細かいことは気にしないのだとか。 **B** ピセはタレ目気味でふわっとした印象。でも負けん気が強く、いつもルルの魚を狙っています。 **C** **D** お客さんにも積極的に寄っていくピセですが、実は細かいことを気にするタイプかも。体重測定の時に板が音を立てたりすると、それを理由に「できない」と主張してくるそう。

目と目の感覚が狭くキリッとした印象のルル。体も丸々として大きいほうですが、それでも体長1m、体重53kgほどとアザラシとしては小型です。

ルル & ピセ DATA

性格｜ピセは気が強そうで繊細、ルルは臆病

特技｜岩に張り付くこと

好物｜イカナゴ

写真提供（p8-11）：おたる水族館

ツル？いいえ腕です！

—

テヅルモヅル

クモヒトデ綱カワクモヒトデ目
テヅルモヅル科

ツルのような腕で、オキアミなどを器用に絡めとって食べます。時には腕がからまり動けなくなることも……。

迫力の超ビッグカレイ

—

オヒョウ

硬骨魚綱カレイ目
カレイ科

世界最大級のカレイの仲間。目はふたつとも右側についています。ホッケ、サバなどの大きめなエサを丸ごと吸い込むように食べる姿は大迫力。

鋭くて大きな犬歯が、「オオカミウオ」の由来。ウニや貝もハイパワーで噛み砕く、口の中で潰して食べます。強面ですが、にくめない愛嬌も。

オスは強面イクメン
北の海の「神の魚」

—

オオカミウオ

硬骨魚綱スズキ目
オオカミウオ科

アイヌ語の「チップカムイ」は「神の魚」。ニシンが豊漁を呼ぶと伝えられています。分厚い唇とギョロ目が迫力満点。縄張り争いでは口を大きく開き、体を震わせて威嚇します。意外と子煩悩で、メスが産卵すると、オスがふ化するまで卵を守る面も。

北海道にのみ生息する固有種。卵からふ化させて大人になった個体に会えます。水槽の石や木の陰に隠れていることが多いのですが、たまに隙間からひょっこり顔を出すのがかわいいところ。じっと眺めてみてください。

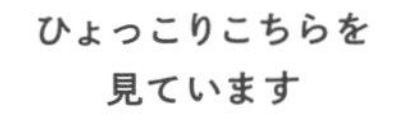

ひょっこりこちらを見ています

—

エゾサンショウウオ

両生綱有尾目
サンショウウオ科

エサの準備に気づくといそいそ出てきます。満腹になったら、エサを近づけても「もういい」と顔を横に振るとか。

日本最大の淡水魚

—

イトウ

硬骨魚綱サケ目
サケ科
10歳／♂か♀

水に落ちた哺乳類なども食べるので、波しぶきが上がるようにエサを入れると、驚くようなスピードで反応します。

やんちゃな海の子象

つむぎ

セイウチ

哺乳綱食肉目
セイウチ科
2021年5月4日／♀

国内でも珍しい水族館生まれのつむぎ。お父さんのヒゲで遊んだり、八つ当たりしたりと元気いっぱい。

千歳川で生まれ、ふるさとに帰ってくる

サケ（シロザケ）

硬骨魚類綱サケ目サケ科

大

群で泳ぐシロザケは大迫力。同館では、その成長を卵から成魚まで知ることができます。

館内の「サーモンゾーン」では、小水槽に稚魚（2~翌1月）、中水槽に幼魚（2~8月）、魚を入れ替えて成魚（9~12月中旬）を展示。秋に中水槽展示後の成魚で採卵体験を行い、その卵を展示します。卵がふ化して仔魚が生まれる瞬間に出会えるかも。また、「水中観察ゾーン」の水中観察窓では、千歳川の中を泳ぐサケの姿が見られます。

サケは産卵後に一生を終えた後、その体は生き物のエサとなり、川や森の栄養分となる。そうして豊かになった川で、春にはまた稚魚が泳ぎ出す。まさに命の循環です。「水中観察ゾーン」の水中観察窓は、千歳川左岸に埋め込まれた7つの窓からリアルタイムの千歳川を観察できます。四季折々様々な生き物が見られるこの窓で、春にはサケの稚魚が海を目指し、秋には親ザケが産卵のために川を遡上、12月頃から始まる産卵行動で産卵する瞬間に出会えるかも。

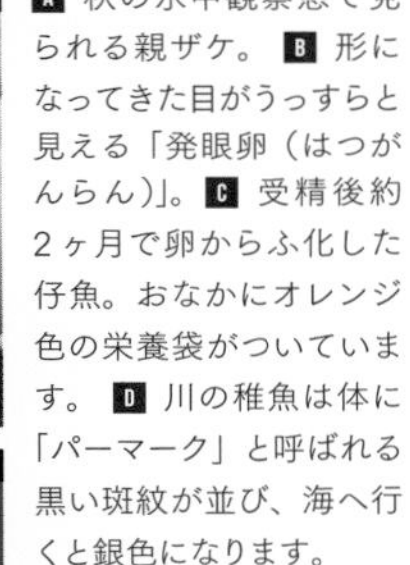

A 秋の水中観察窓で見られる親ザケ。B 形になってきた目がうっすらと見える「発眼卵（はつがんらん）」。C 受精後約2ヶ月で卵からふ化した仔魚。おなかにオレンジ色の栄養袋がついています。D 川の稚魚は体に「パーマーク」と呼ばれる黒い斑紋が並び、海へ行くと銀色になります。

稚魚が泳ぐ小水槽のシロザケはすべて千歳川産！展示スタート時は、1万匹の稚魚が群れで泳ぎます。照明が当たってキラキラと光りながら泳ぐ美しさはうっとりするほど。

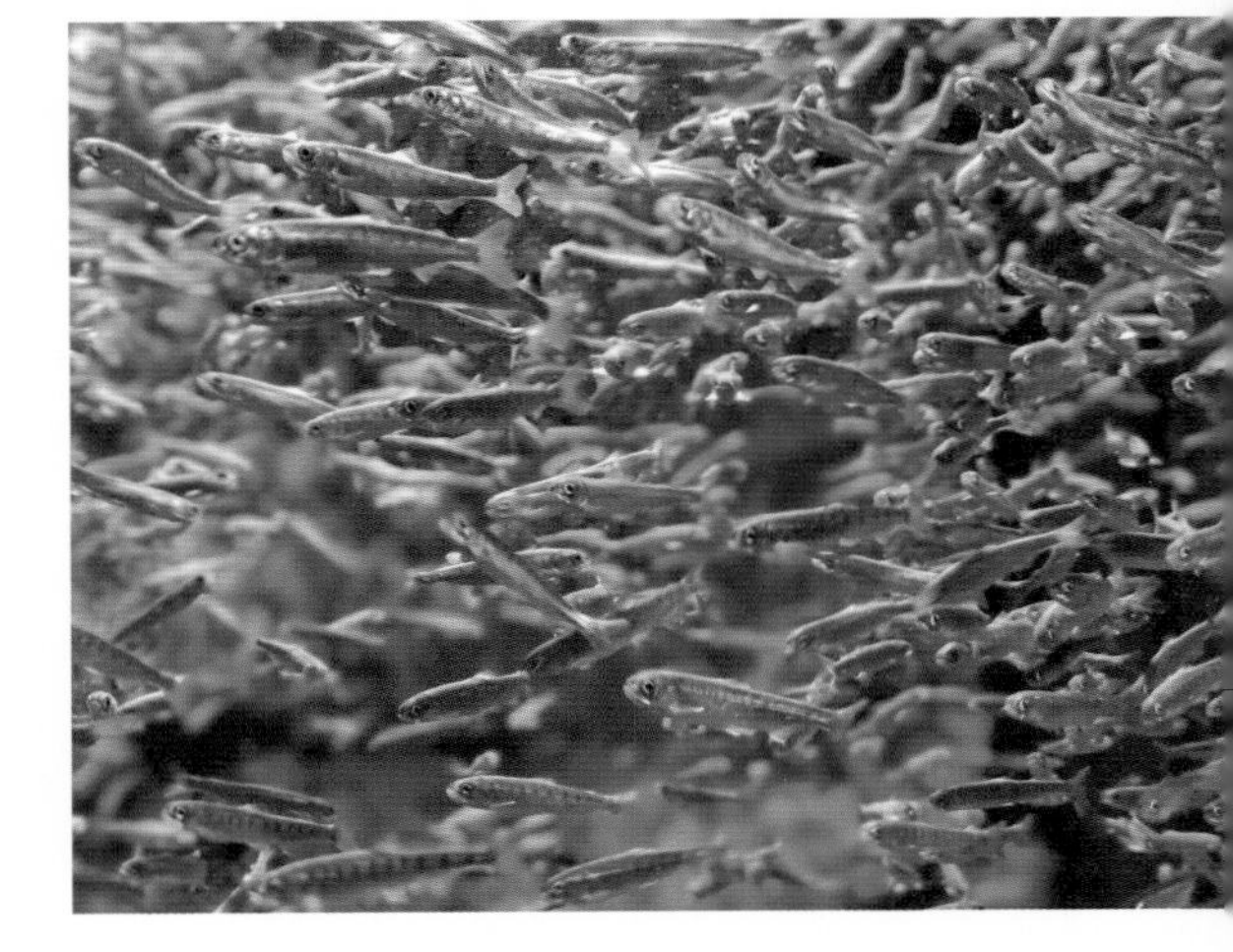

DATA

特技｜生まれた川に帰ってくる

好物｜稚魚はサケ用人工配合飼料、幼魚はオキアミ

写真提供（p12-15）：サケのふるさと千歳水族館

メスは活発で魚を捕るのが上手。オスは、メスを待ち伏せして魚を横取りするなど、マイペースのチャッカリさん。タオルや布類が大好きで、スタッフが手に持っていると追いかけてきます。

サケのふるさと　千歳水族館

日本で２館だけのキュートな寝顔

アメリカミンク

哺乳綱食肉目イタチ科

推定１歳／♂１匹、♀１匹

右上の写真は水中観察窓で見られる野生化した個体。手には水かきがあり泳ぎが得意です。同館では、飼育４頭のうち２頭を展示。寝ていることも多いのですが、癒やされる寝姿にも注目です。

お洒落でお茶目
隠れ上手な人気者

エボシカメレオン

爬虫綱有鱗目カメレオン科

名前の由来はエボシのような頭部。檻やアクリルに覆われない展示（左上写真の植物の部分）なので、美しい鱗もよく見えます。特技はかくれんぼ。活発に動き回ったかと思えばライトのそばでひなたぼっこをしたり。植物の茎やシャワーホースなど、綱渡りも得意。時には戻れなくって固まってしまうことも……。

オシャレだけどドジでもあり、エサを捕るのに何度も失敗したり、なにもないところに舌を伸ばしていたりすることもあるとか。

警戒心の強い渓流の女王

D

―

サクラマス

条鰭綱サケ目
サケ科

海に出るとサクラマス、出ないとヤマメ（囲み写真）。清らかな渓流に住みます。地域によっていろいろな名前で呼ばれています。

逞しく旅します

C

―

モクズガニ

軟甲綱エビ目
イワガニ科

海と川を行き来するカニで、一般的には下流に生息するといわれますが、こんなに上流で観察できることも。

冬にやってくるダイバー

B

―

ホオジロガモ

鳥綱カモ目
カモ科

頬の白い模様と、体の割に大きめな頭が特徴的な渡り鳥。俊敏な動きで水中のイカ、貝、魚や水草を食べます。

身近なのに謎多き魚

A

―

ウグイ

条鰭綱コイ目
コイ科

川魚だけれど、海に出る個体もいるという不思議な生態。北海道での繁殖期は初夏で、オレンジ色の婚姻色が現れます。

※15ページの生きものたちは、自然のままの千歳川の水中が観察できる水中観察窓から見た姿です。
これまでに 40 種以上の魚類、10 種類以上の鳥類が観察され、哺乳類、昆虫、貝類などが姿を見せることもあります。

恥ずかしがり屋でも目は合います

エゾサンショウウオ

両生綱有尾目サンショウウオ科

北海道内で釧路湿原以外に生息する道内固有の両生類です。川辺の木や枯れ葉の下に隠れて生活しているため、同館の水槽にも枯れ葉や岩、木の枝などを配置しています。

ただし大きくなっても全長20㎝ほどのため、あまり上手に隠れてしまうとお客さんも探すことができません。エゾサンショウウオが隠れやすく、お客さんが姿を見やすい。そんなレイアウトにするために水位、岩や枝の位置など試行錯誤したそうです。

自然界では小さな昆虫やクモなどを食べています。おなかが空いたり、あまりひまだったりすると他の個体のしっぽをかじるため、あまり大きさが違う個体同士を一緒にするのは難しい面も。でも、かじられたしっぽはまた生えてくるので大丈夫です。

同館では繁殖にも成功しています。巻きつけ合うように産み付けられたたくさんの卵。透けているので卵の中で体の形ができてくる様子や、赤ちゃんがモゾモゾ動く様子を観察できる貴重な機会でした。

A なぜか行動がシンクロしがち。1匹見つけると近くに他の個体がいることが多いので、よく見てみて。 B C 子どもの時はエラ呼吸、大人になると肺呼吸ですが、大人になっても水中にいる時間が長い。陸上では葉の下などに隠れているので姿を見ることが少ないのです。 D 産卵は通常、春先。まとまった卵の中がよく見えます。

泳いでいて他の個体にぶつかると飛び散るような動きをしたり、激しく斜めに泳いだりなど、面白い泳ぎ方をすることがあります。

写真提供（p16-19）：北の大地の水族館　山の水族館

A 大きく口を開けて他のオスに噛みつき、追い払おうとしています。滝つぼ水槽では、オショロコマが群雄する雄大な眺めを見上げて楽しむことができます。
B **C** 渓流の宝石とも呼ばれる美しさを水槽展示で見てもらえるよう試行錯誤しているというスタッフの皆さん。「自然で観察するほどの美しさには到達できず、自然のすごさを実感します」。

道内の清流に生きる「渓流の宝石」

オショロコマ

条鰭綱サケ目サケ科

日本では北海道だけ、しかも水の澄んだ渓流だけに生息する美しい魚。水生昆虫や川に落ちてきた小さな虫などをエサとします。

普段はおとなしい性格ですが、晩秋の繁殖期に見せるオス同士の喧嘩は迫力満点。さらに華やか鮮やかに色づいたオスたちがメスをめぐって本能をむき出しにして争います。同館では何度か水槽内での繁殖に成功しており、一生懸命に産卵のための穴を掘るメスの姿にも感動させられるのだとか。

季節限定でお目見え

D

—

カラフトマス

条鰭綱サケ目
サケ科

背中や口が突き出ているのは大人のオスの証。夏の終わり頃の期間限定ですが、水族館での展示は珍しい。

川の中に潜入?

C

—

四季の水槽

—

冬は水面が凍り夏は魚たちが活発な四季の水槽。北海道内に生息する魚たちが自然のままの姿を見せます。

日本初の滝つぼ水槽

B

—

滝つぼ水槽

—

頭上から激しく滝が流れ落ちるドーム状の水槽。激流に逆らうように泳ぐ魚たちに生命の強さを感じます。

外来種らしい

A

—

ニジマス

条鰭綱サケ目
サケ科

ポピュラーな川魚ですが、同館では会話みたいな解説に注目。イトウに捕食されるシーンも見られます。

立派な息子を育てた
優しいお母さん

ユキ

ホッキョクグマ

哺乳綱食肉目クマ科
1999年11月26日／♀

人

気者の豪太のお嫁さんとして、2019年に姫路市立動物園からやってきたユキ。2020年12月にはオスのフブキが生まれ、落ち着いた子育てぶりを見せてくれました。

親子で寄り添って眠る姿や、お母さんと同じくらい大きな体になっても甘える仕草でお客さんをほっこりさせていたフブキは、立派にひとり立ちして名古屋市立東山動物園で暮らしています。ユキと豪太は再び繁殖を目指しているため、今後に期待です。

A パートナーの豪太（右）とのペアリングの様子。 B タイミングが合えば食事風景や、無邪気に遊ぶ姿などを見られます。 C お気に入りの場所でお昼寝する時間も長めです。 D 展示場と裏の部屋はいつでも行き来自由。お部屋にいる時は姿を見ることができませんが、ユキの気分に合わせた暮らしを大切しています。

子育て中は、食いしんぼうな息子のフブキにエサをゆずることもあった優しいお母さん。生後3か月のまだ泳げなかったフブキがプールに落ちてしまった時には、溺れないように自分が潜って支えていました。誰から教わったわけでもないのに我が子を守る、ユキの知性と母性にスタッフさんも感動したそう。

展示場に置かれているおもちゃやプールの中で遊んだり、ワラを自分で整えてその上で寝たり。チャーミングなユキにもファンがたくさんいて、リンゴやオリーブオイルなどの差し入れも多いのです。

ユキ DATA

性格｜優しい
特技｜泳ぐこと
好物｜オリーブオイル、えごま油

写真提供（p20-23）：男鹿水族館GAO

ゴマのような点々模様がゴマフアザラシの特徴。特にゴクウは、細かくてきれいなゴマ模様がチャームポイントです。

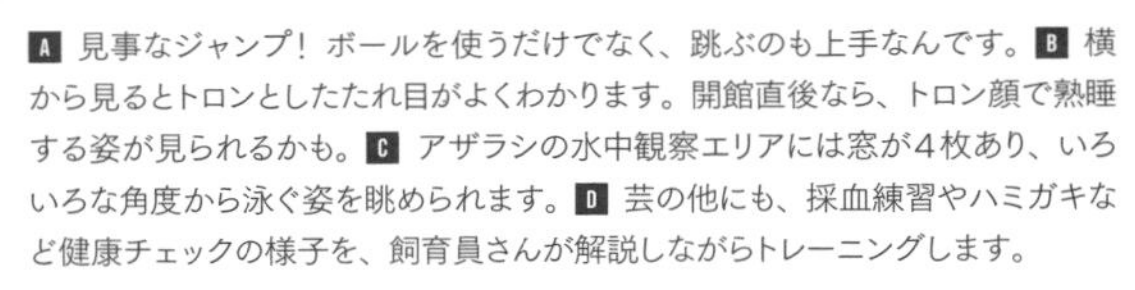

A 見事なジャンプ！ ボールを使うだけでなく、跳ぶのも上手なんです。B 横から見るとトロンとしたたれ目がよくわかります。開館直後なら、トロン顔で熟睡する姿が見られるかも。C アザラシの水中観察エリアには窓が4枚あり、いろいろな角度から泳ぐ姿を眺められます。D 芸の他にも、採血練習やハミガキなど健康チェックの様子を、飼育員さんが解説しながらトレーニングします。

いたずら好きの名セッター

ゴクウ

ゴマフアザラシ

哺乳綱食肉目アザラシ科
推定14歳／♂

運動神経抜群のゴクウ。特に上手なのはボールや輪っかを使うことで、飼育員さんが投げたボールを、バレーボールのトスのように鼻先ではじき返すのが得意技です。「生き物たちのエサの時間」には、様々なトレーニングをしながらエサをもらう姿が見られます。

いたずら好きで、給餌用バケツから魚を奪ったり、他のアザラシをかんで遊んだりすることも。やり過ぎて、最近仲間のアザラシたちにちょっぴり嫌われ気味……。

つり目のミステリアスな表情と、意外とタプタプしてやわらかい首まわりに注目。

悠々と泳いでいたかと思ったら、しばしば岩の間に挟まっているアオウミガメ。お客さんからは心配されますが、そこで休むのが好きなようです。本来は草食性ですが、同じ水槽の魚たちが食べているアジやシシャモがお気に入り。

はまってても心配しないでね

—

アオウミガメ

爬虫綱カメ目ウミガメ科

年齢不明／♀

ちょっぴりこわがりで不思議ちゃん？

てまり

カリフォルニアアシカ

哺乳綱食肉目アシカ科

2021年6月11日／♀

不思議な行動が多いてまり。トレーニング中、なにかに驚いて走り去ったり、エサを食べた後に人の周りをなんとなく一周してみたり、掃除中にできた水たまりに鼻先を突っ込んで遊んだり……。「なにしてるのかな？」とよーく見てみてくださいね。

カリフォルニアアシカのてまりは、お父さんのトン吉、お母さんのたんぽぽと同じ展示場で暮らしています。

父親のトン吉ゆずりのトロンとしたたれ目が愛らしい。用心深く、新しい物や場所にはなかなか近づこうとしません。

丸顔がチャームポイント。大人になりかけの亜成鳥の時期。

いちばん大きいけど 飼育員には甘えんぼう

ふゆ

ケープペンギン

鳥綱ペンギン目ペンギン科
2020年4月24日／♂

親が高齢だったため人工育雛(じんこういくすう)されたふゆ。アジを丸ごと食べられるようになり、綿毛が抜けるまで、3か月ほどバックヤードで育ちました。初めて展示場で知らないペンギンたちを見た時には、驚いて飼育員さんの足の間から動かなかったそう。「親のような安心できる存在になれていたのだと、うれしくなりました」と飼育員さん。

今でも好きな飼育員さんが来ると大喜びで、撫でてアピールをしたり、掃除中もついて回ったりします。

今では、展示場や仲間のペンギンたちにもすっかり慣れています。お姉ちゃんのなつと仲良く泳いだり、エサの時間には我先にとガツガツ取りに行ったり。度々ふゆに会いに来てくれるファンもできました。

2022年の7月に、新しいケープペンギンの施設が誕生。ケープペンギンの保護区、ボルダーズビーチをモデルにしており、本物の生息地を訪れたような臨場感です。「ペンギンフィーディングタイム」では、ごはんをあげることもできます。

A 左フリッパー（羽）に白いバンドをしているのが目印です。ふゆはフリッパーをパタパタさせながら膝の上に乗るのが得意。 B 好きな飼育員さんの取り合いで、姉のなつに対して怒っているふゆ。 C 亜成鳥から成鳥になった時、首に他の子にはない黒いラインがありました。

約45～50日齢のとき。まだふわふわの毛に包まれており、ぬいぐるみのようです。今では立派に成長し、同館のケープペンギンの中でいちばん大きな体になりました。

ふゆ DATA

性格｜かまってちゃん
特技｜プールで泳ぐこと
好物｜アジ・イカナゴ

写真提供（p24-27）：仙台うみの杜水族館

A 後足の一部には小さい爪がありますが、前足の指先には名前のとおり爪がありません。好奇心旺盛で、飼育員さんのお手製おもちゃや気になるものはとことん遊びつくします。 B 1日3回（時間は変動あり）の食事タイムにはワイルドさが爆発。 C 器用な指先を使って、ものをつかんだり引っ張ったりすることができます。

キュート＆ワイルドでギャップ萌えしちゃう

くるり

ツメナシカワウソ

哺乳綱食肉目イタチ科
2015年3月17日／♀

くりくりの瞳でファンの心をつかむくるりですが、その行動はかなりワイルド。器用な指先と鋭い歯で魚をガツガツ引きちぎったり、展示アイテムのハンモックを30分で壊したり……。飼育員さんに「破壊神」なんていう、すさまじいふたつ名で呼ばれる暴れっぷりです。

でも、うれしそうに遊んだり、お気に入りのおもちゃを寝床に運んで一緒に寝たりするところは微笑ましくてラブリー。かわいさとワイルドさの絶妙なギャップが魅力なのです。

むっちりボディだけど
芸ならおまかせ

アンディ

カリフォルニアアシカ

哺乳綱食肉目アシカ科
2000年6月20日／♂

マイペースだけど好きなことには積極的。積もった雪を食べちゃうほどの食いしんぼうです。

むっちり体形ですが、実はダンスやリフティング、輪キャッチなどが得意な芸達者さん。しなやかな水中パフォーマンスも披露しています（水中パフォーマンスは生きものの状況により中止になる場合があります）。

躍動感満点！華麗なチームプレー

—

マイワシ

硬骨魚綱ニシン目
ニシン科マイワシ属

エイやサメがマイワシの群れに向かって泳ぐことがありますが、隊形を変化させて見事によけます。

2万5000尾のマイワシの群れが音楽に合わせて泳ぐパフォーマンス「Sparkling of Life」は大迫力。水槽の各所からエサを噴出させたり落としたりして、イワシの動きを演出します。陽の光を浴びてきらめくイワシは美しく神秘的です。

まんまるおなかで金魚すくいのアイドル

チョウチンパール

硬骨魚綱コイ目コイ科

大きなおなかを抱え、ヒレをパタパタ動かす姿は愛嬌たっぷり。提灯（ちょうちん）のような形のチョウチンパールは、金魚の一種です。

アクアマリンふくしまには、様々な金魚を展示する「金魚館」があり、夏には即売会や金魚すくいイベントがある「金魚まつり」を開催。その金魚すくいで毎年注目を浴びるのが、チョウチンパールなのです。毎年必ず即売会に買いに来るというファンもいて、その人気はアイドル級です。

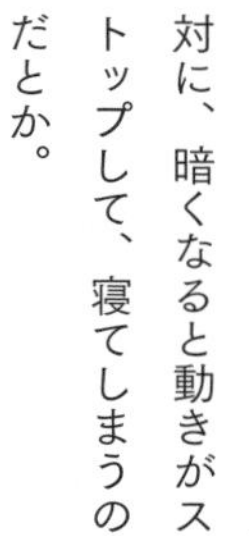

動きが活発になるのはやっぱりエサの時間。エサを持っていなくても、人が近づくと口をパクパクと動かしながら寄ってくることがあります。反対に、暗くなると動きがストップして、寝てしまうのだとか。

繊細な金魚は、毎年必ず繁殖がうまくいくとは限りません。イベントで毎年見られるのは、水質管理など、細かな気づかいのたまものです。チョウチンパールをもとにした新品種開発も進んでいて、新しいアイドルの誕生からも目が離せません。

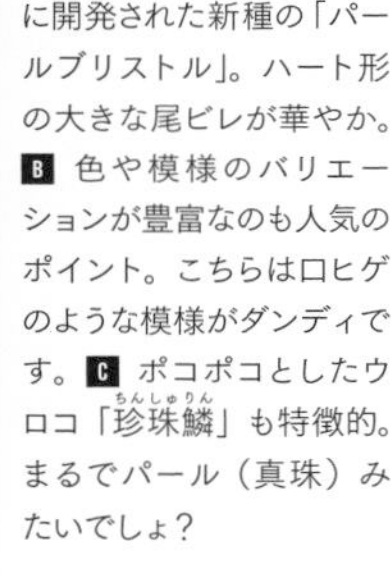

A チョウチンパールをもとに開発された新種の「パールブリストル」。ハート形の大きな尾ビレが華やか。B 色や模様のバリエーションが豊富なのも人気のポイント。こちらは口ヒゲのような模様がダンディです。C ポコポコとしたウロコ「珍珠鱗（ちんしゅりん）」も特徴的。まるでパール（真珠）みたいでしょ？

水槽に近寄ると、エサを求めて口をパクパクさせながら集まってきます。

DATA

性格｜特になし
特技｜金魚すくいで人気者になる
好物｜金魚のエサ

写真提供（p28-31）：アクアマリンふくしま

四つ足動物にしては四肢が大きく、がっしりと幹をつかめるので、木登りが得意。4mの大木もすいすい登ります。

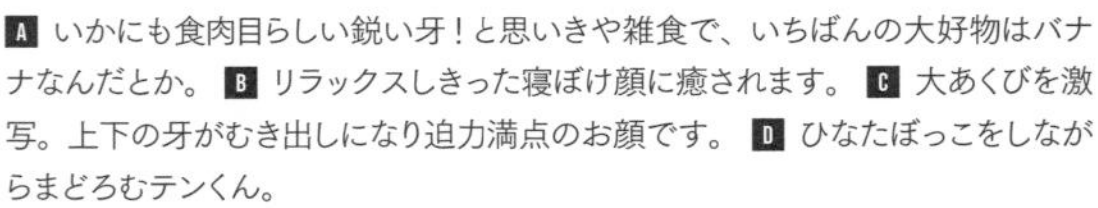

A いかにも食肉目らしい鋭い牙！と思いきや雑食で、いちばんの大好物はバナナなんだとか。 B リラックスしきった寝ぼけ顔に癒されます。 C 大あくびを激写。上下の牙がむき出しになり迫力満点のお顔です。 D ひなたぼっこをしながらまどろむテンくん。

いつも食いしんぼう
腹ペコだと暴れんぼうに

テンくん

（職員内で呼んでいる愛称）
ホンドテン

哺乳綱食肉目イタチ科
2020年／♂

テンくんはとても食いしんぼう。エサを持ってくるスタッフのにおいを感じると、大興奮して「グルル、グルル、ニャー！」と大きな声で鳴きまくり、くるくる回ったり跳ねたり転げまわったりと大暴れします。「怒ってる」とこわがられてしまうこともありますが、本当は腹ペコなだけなんです。あしからず。

幼い頃に保護されて動物園で育てられたためか人に慣れていて、お客さんが近くに来ても悠々といつもの姿を見せてくれます。

小さくても頑張り屋さん くっついて流されないぞ！

ナメダンゴ

硬骨魚綱カサゴ目ダンゴウオ科

目をキョロキョロさせてエサを探す姿がかわいい。吸盤は強力で、一度くっつくと人間でもなかなか外せません。

お団子のように丸っこい形。体長1～2cmに育つまでに約2年、成魚でも5cmほどというミニサイズで、短い胸ビレを必死に動かしてエサを追いかけます。特技は、おなかの吸盤で岩や海藻にくっつき、小さな体が流されないようにすること。

深海で優雅にゆらめく寒天ボディ

カンテンゲンゲ

硬骨魚綱スズキ目
ゲンゲ科

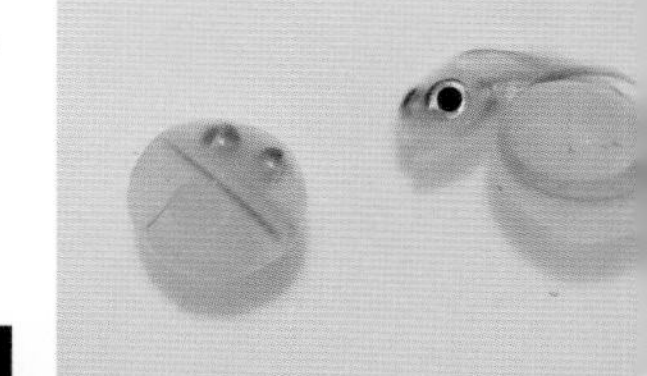

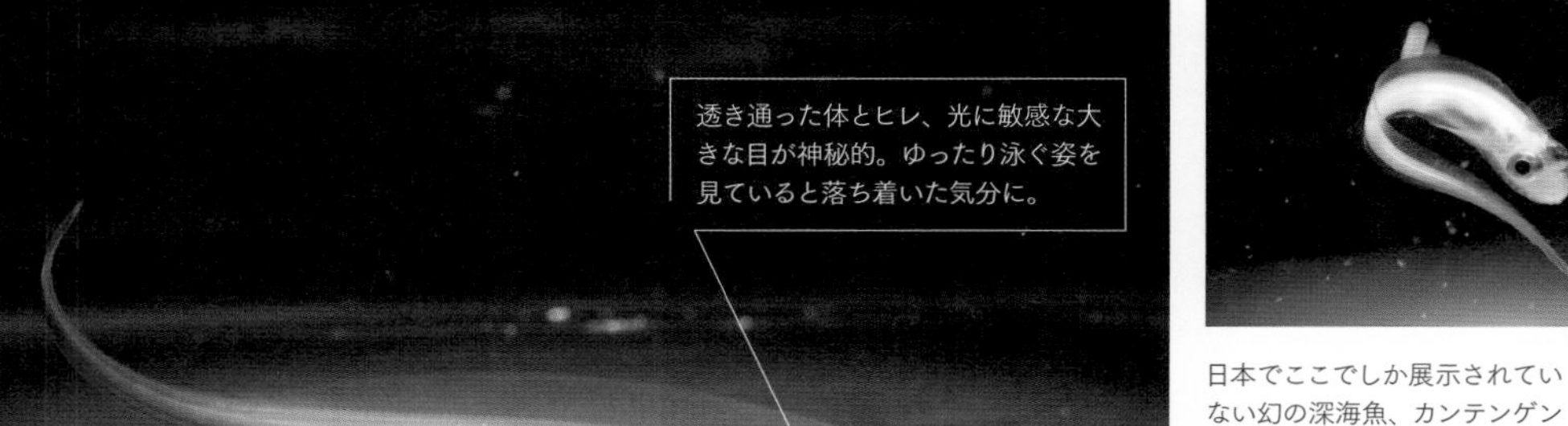

透き通った体とヒレ、光に敏感な大きな目が神秘的。ゆったり泳ぐ姿を見ていると落ち着いた気分に。

日本でここでしか展示されていない幻の深海魚、カンテンゲンゲ。右上の写真は卵の時に他の魚に食べられ、その後吐き出されたもの。奇跡的にふ化した稚魚を半年ほど育ててから、カンテンゲンゲだと判明しました。

Category

02

KANTO

関東

03 カワスイ川崎水族館

P042

6つに分かれたゾーンに、最新の映像、照明、音響技術で世界各地の雄大な自然が表現されています。熱帯雨林のアロワナ、アマゾンのナマケモノなど、美しい水辺で各地の生き物を見つける小さな冒険を楽しめます。

住所●神奈川県川崎市川崎区日進町1-11 川崎ルフロン9・10F　**電話**●044-222-3207　**開館**●10:00～20:00　**休み**●無休　**料金**●小人無料～1200円、大人1500～2000円ほか　**駅**●JR各線川崎駅から徒歩1分　**HP**●https://kawa-sui.com

05 新江ノ島水族館

P050

相模湾に面する同館では、富士山と江の島の美しい景観を背景に楽しめるイルカのショーが人気。「相模湾大水槽」では、8000匹のマイワシをはじめ、相模湾に生息する100種の魚たちを観察できます。

住所●神奈川県藤沢市片瀬海岸2-19-1　**電話**●0466-29-9960　**開館**●3～11月／9:00～17:00、12～2月／10:00～（入場は閉館1時間前まで）　**休み**●無休、臨時休館あり　**料金**●小人無料～1200円、大人1700～2500円ほか　**駅**●小田急江ノ島線片瀬江ノ島駅から徒歩3分　**HP**●https://www.enosui.com/

04 横浜・八景島シーパラダイス

P046

テーマの異なる4つの水族館があり、注目はホッキョクグマやセイウチなど約700種の生きものが暮らす日本最大級の「アクアミュージアム」。「ふれあいラグーン」ではバンドウイルカと触れ合うことができます。

住所●神奈川県横浜市金沢区八景島　**電話**●045-788-8888　**開館**●10:00～17:00（日・施設によって変動）　**休み**●無休　**料金**●小人無料～2000円、大人3300円ほか　**駅**●金沢シーサイドライン八景島駅から徒歩すぐ　**HP**●http://www.seaparadise.co.jp

06 箱根園水族館

P054

海抜723mと、海水の大水槽を持つ水族館としては日本一標高の高い場所にあります。箱根ゆかりのオオクチバスなど約450種の魚類を展示し、「アザラシ広場」ではアザラシフィーデングタイムが見学できます。

住所●神奈川県足柄下郡箱根町元箱根139　**電話**●0460-83-1151　**開館**●9:00～16:30（入館は閉館30分前まで）※季節により変動あり　**休み**●無休　**料金**●小人無料～1500円、大人1500円ほか　**駅**●小田急箱根登山鉄道鉄道線箱根湯本駅から伊豆箱根バス、ザ・プリンス箱根芦ノ湖バス停から徒歩2分　**HP**●https://www.princehotels.co.jp/amuse/hakone-en/suizokukan

AQARIUM DATA

01 アクアワールド茨城県大洗水族館

P034

サメの飼育種類数日本一を誇る水族館。目玉の「悠久の海」ゾーンではスポッテッドガリーシャークなど約50種類のサメや、国内最大級の専用水槽でのんびり泳ぐマンボウなど世界中の海の生きものが集まります。

住所●茨城県東茨城郡大洗町磯浜町 8252-3　**電話**●029-267-5151　**開館**●9:00～17:00（入館は閉館1時間前まで）　**休み**●6月／第4月・第4火、12月／第1月～第1金　**料金**●小人無料～1100円、大人2300円ほか　**駅**●ひたちなか海浜鉄道湊線那珂湊駅・鹿島臨海鉄道鹿島大洗線大洗駅から茨城交通バス、アクアワールド・大洗バス停下車徒歩すぐ　**HP**●http://www.aquaworld-oarai.com

02 鴨川シーワールド

P038

太平洋をバックに豪快なジャンプを披露するシャチパフォーマンスをはじめ、ベルーガやイルカ、アシカのパフォーマンスが楽しめます。自然環境を再現した展示を通して800種の川や海の動物たちに出会えます。

住所●千葉県鴨川市東町 1464-18　**電話**●04-7093-4803　**開館**●9:00～16:00（季節によって変動あり、入館は閉館1時間前まで）　**休み**●不定休　**料金**●小人無料～2000円、大人3300円ほか　**駅**●JR外房線安房鴨川駅から無料送迎バス10分　**HP**●http://www.kamogawa-seaworld.jp

「水の中を飛ぶ鳥」ともいわれ、羽ばたくように優雅に泳ぎます。水面に浮いている時の足の動きもかわいいと人気。手を振ると反応してくれるかも？

A エサはイカナゴやオキアミなど。基本的には丸飲みです。開館直後や14時前後がエサやり遭遇のチャンス。 B 擬岩の上で休んでいることも多いのですが、飼育員さんが入っていくと勢いよく水中にダイブ。 C ふ化して11日目、真っ黒でモコモコです。国内での飼育は数館のみで、アクアワールドでは最多の39羽（公開しない個体も含む）を飼育。半数以上は同館生まれです。

水陸空オールOKのスーパーバード

エトピリカ

鳥綱チドリ目ウミスズメ科

空を飛び、水に浮き、水中を泳ぎ、跳ねながら崖を登る万能バード。エトピリカとはアイヌの言葉で「美しいクチバシ」という意味です。顔まわりが白く、目の上の黄色い飾り羽が伸びるのは夏だけ。羽が変わる冬には真っ黒になります。

崖のような擬岩を器用にジャンプしながら登っていきます。崖の上の巣の周辺を汚さないよう、岩の淵に立ってうんちをするため、作業をしている飼育員さんは頭上からの発射に要注意！

つぶらな瞳はチャームポイントのひとつですが、視力はよくありません。においを追いかけてエサを探します。

A 3m以上にもなるシロワニですが性格は比較的穏やかと言われています。
B 鋭い歯でイカや魚を食べます。好物はアジ。口は常に半開き状態です。食事タイムの10時半〜11時くらいが狙い目。
C 飼育員さんに近づいて様子をうかがう仕草がかわいい。生まれたばかりの頃は、バックヤードの水槽にいました。

日本初の赤ちゃんはマイペースに成長

No.9
(名前は番号)

シロワニ

軟骨魚綱ネズミザメ目オオワニザメ科
2021年6月17日

4か月間24時間体制で見守り迎えた出産。手探り状態の出産から、棒の先に小さく切ったエサをつけて食べさせる食事の練習。次第に、水槽内に落としたエサを自力で食べられるようになりました。でも、のんびりエサを探すうちに、他のサメに奪われてしまうことも。

エサの量も食欲をよく観察しながら調整。大切に育てられファンもたくさんいます。大人の大きさに近づいていますが、今でも熱い視線を浴びています。

写真提供（p34-37）：アクアワールド茨城県大洗水族館

尾ビレはなく、マンボウ特有の「舵ビレ（かじびれ）」があります。この舵ビレで、方向転換などを行います。

A 大きな目におちょぼ口が、とぼけた愛らしさを醸し出します。 B 体をぶつけてケガをしないように、水槽には衝突防止用のシートが。 C エサの時間にはいっせいに水面に集まるアクティブな姿が見られます。アジ・エビ・カキのミンチにビタミン剤と水、ゼラチンを加えた特製のエサを食べます。

おちょぼ口のおとぼけ顔 行動もユーモラス

マンボウ

硬骨魚綱フグ目マンボウ科

のんびりしたユーモラスなイメージで人気です。ここにいるマンボウのほとんどは、県内の定置網に入ったもの。デリケートな体を傷つけないよう、特別に気をつけて収集や輸送を行います。

単独飼育する水族館の多い中、同館では国内最大級、水量270tのマンボウ専用水槽で複数のマンボウを飼育しています。そのため、競い合うようにエサを食べるというような、のんびりムードだけではない姿も見ることができます。

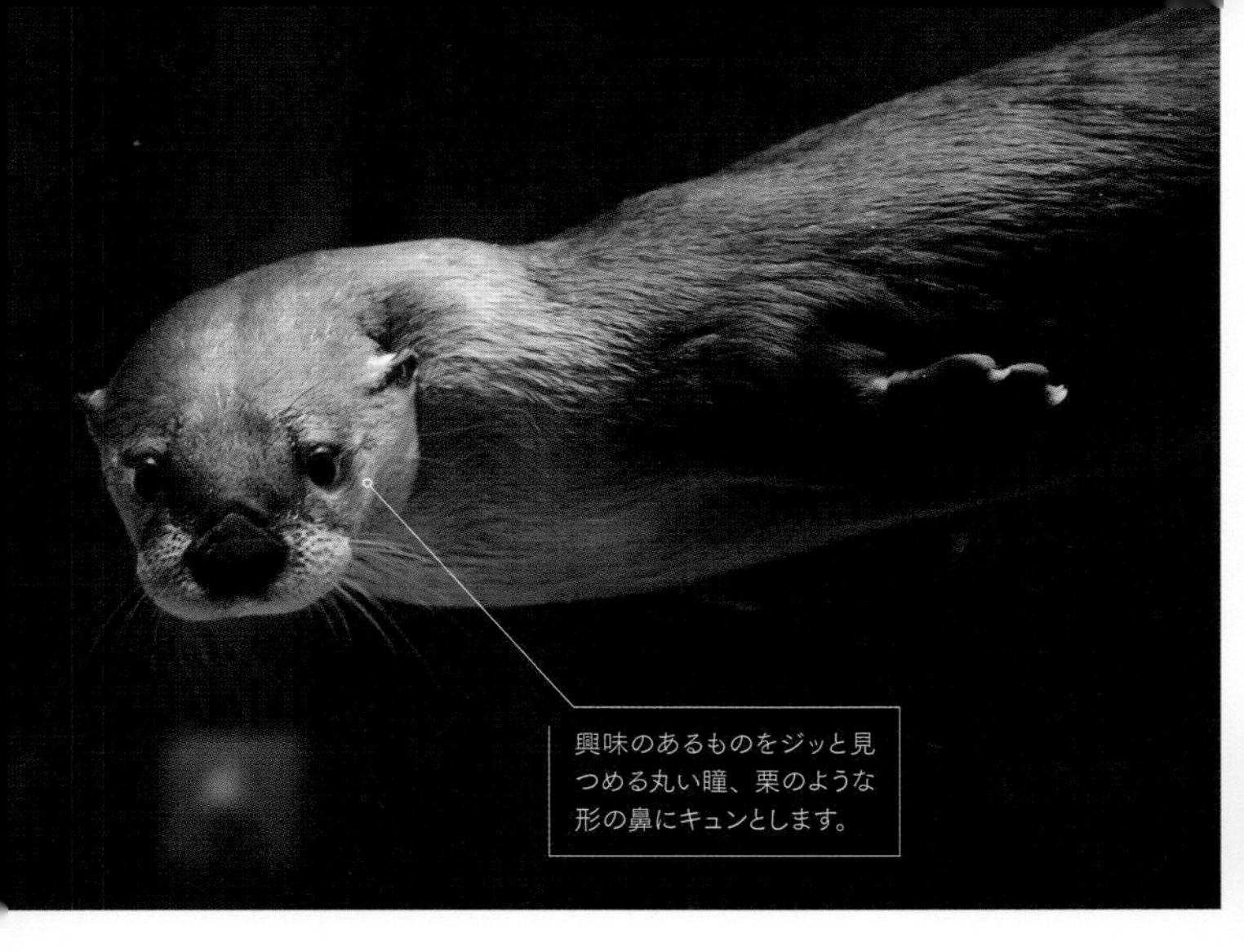

一般的なカワウソのイメージより大きめなカナダカワウソ。くるくる変わる表情もしっかり見えます。食いしんぼうで、エサの時間には立ち上がってスタンバイ。おてんばなまろん（左）と、のんびり屋で寝るのが大好きなおはぎ（下）はいいコンビです。

国内数館でしか会えないビッグサイズの愛らしさ

まろん＆おはぎ

カナダカワウソ

哺乳綱食肉目イタチ科

まろん▶ — ／♀ おはぎ▶ — ／♂

おとなしく、ふだんは落ち着いていますが、実は貝やウニの殻を砕くほどパワフルなあごと歯の持ち主。エサを噛んでは吐き戻して、また噛んでを繰り返すため水槽の水が汚れやすいけれど「そんな仕草が子どもみたいで憎めません」と飼育員さん。

丸く大きな目、目の上のでっぱりや
膨らんだ頬がネコに似ている？

おとなしいツワモノ

—

ネコザメ

軟骨魚綱ネコザメ目ネコザメ科

育てる姿も育つ姿も何度も見に通いたい！

オウサマペンギン

鳥綱ペンギン目ペンギン科

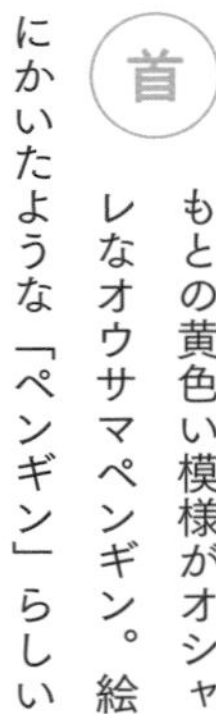

首もとの黄色い模様がオシャレなオウサマペンギン。絵にかいたような「ペンギン」らしい姿で、思わず写真を撮りたくなること請け合いのかわいさです。

鴨川シーワールドでは、展示場で会えるペンギンのうち、半数以上が館内で繁殖した個体。2018年には、世界初の人工授精にも成功しました。産卵シーズンは7~8月。運がよければ、卵を足の甲にのせ、おなかの皮膚をかぶせて卵を温める姿が見られるかもしれません。

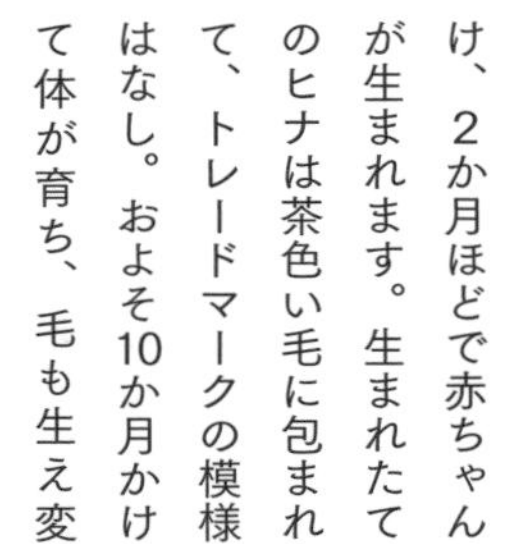

ペアのオスとメスが交代で卵を抱き続け、2か月ほどで赤ちゃんが生まれます。生まれたてのヒナは茶色い毛に包まれて、トレードマークの模様はなし。およそ10か月かけて体が育ち、毛も生え変わって成鳥に近づきます。

オウサマペンギンに巣はありませんが、同館では、幼綿羽が抜けて水中を泳げるようになった時点を「巣立ち」とみなしています。ぬいぐるみのように小さなヒナが、立派に巣立ち、今度は親になるまで、何度も通いたくなりますね。

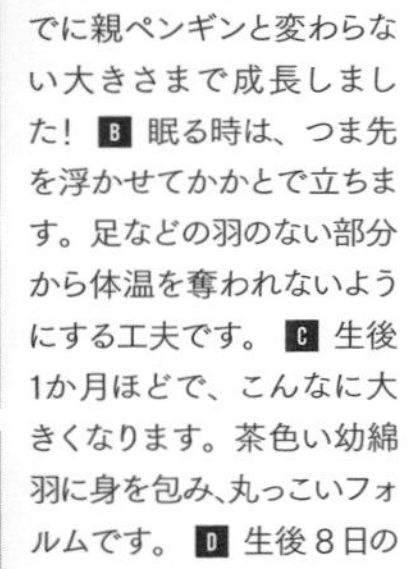

A 約7か月齢のヒナ。すでに親ペンギンと変わらない大きさまで成長しました！ B 眠る時は、つま先を浮かせてかかとで立ちます。足などの羽のない部分から体温を奪われないようにする工夫です。 C 生後1か月ほどで、こんなに大きくなります。茶色い幼綿羽に身を包み、丸っこいフォルムです。 D 生後８日のヒナ。

給餌の様子を公開するフィーディングタイムには、飼育員さんのまわりをぐるりと囲み、礼儀正しく順番を待ちます。

DATA（種として）

性格｜礼儀正しい
特技｜ペアで協力して卵を温めること
好物｜アジやシシャモ

写真提供（p38-41）：鴨川シーワールド

ダイナミックなバックビート！　お客さんに大量の水しぶきがかかるのも、パフォーマンスの楽しみです。

A こちらの子シャチはルーナ。スタッフさんは妊娠してからの経過をずっと見ていたため、生まれた時には涙が出たそう。　**B** 白黒の模様が美しい４頭。実はそれぞれ模様がちがいます。３姉妹はいずれも体長５m超と大きめ。トレーナーさんと親しげに触れ合う姿も見られ、その信頼関係に心打たれます。１日中シャチのスタンドで過ごす大ファンも。

個性はいろいろ パフォーマンスは圧巻

ラビー＆ララ＆ラン＆ルーナ

シャチ

哺乳綱鯨偶蹄目マイルカ科

ラビー▶1998年1月11日／♀
ララ▶2001年2月8日／♀
ラン▶2006年2月25日／♀
ルーナ▶2012年7月19日／♀

ラビー・ララ・ランの３姉妹と、ラビーの娘ルーナは、みんな鴨川シーワールド生まれ。一見似ていますが、模様も性格もいろいろです。

長女のラビーは、しっかり者でみんなのリーダー。次女のララはちょっと人見知りだけど面倒見がよく、四女のランは天真爛漫で一生懸命。ルーナは子どもらしく好奇心旺盛で、プールのガラス越しによくお客さんと遊んでいます。４頭の息の合ったパフォーマンスは必見です。

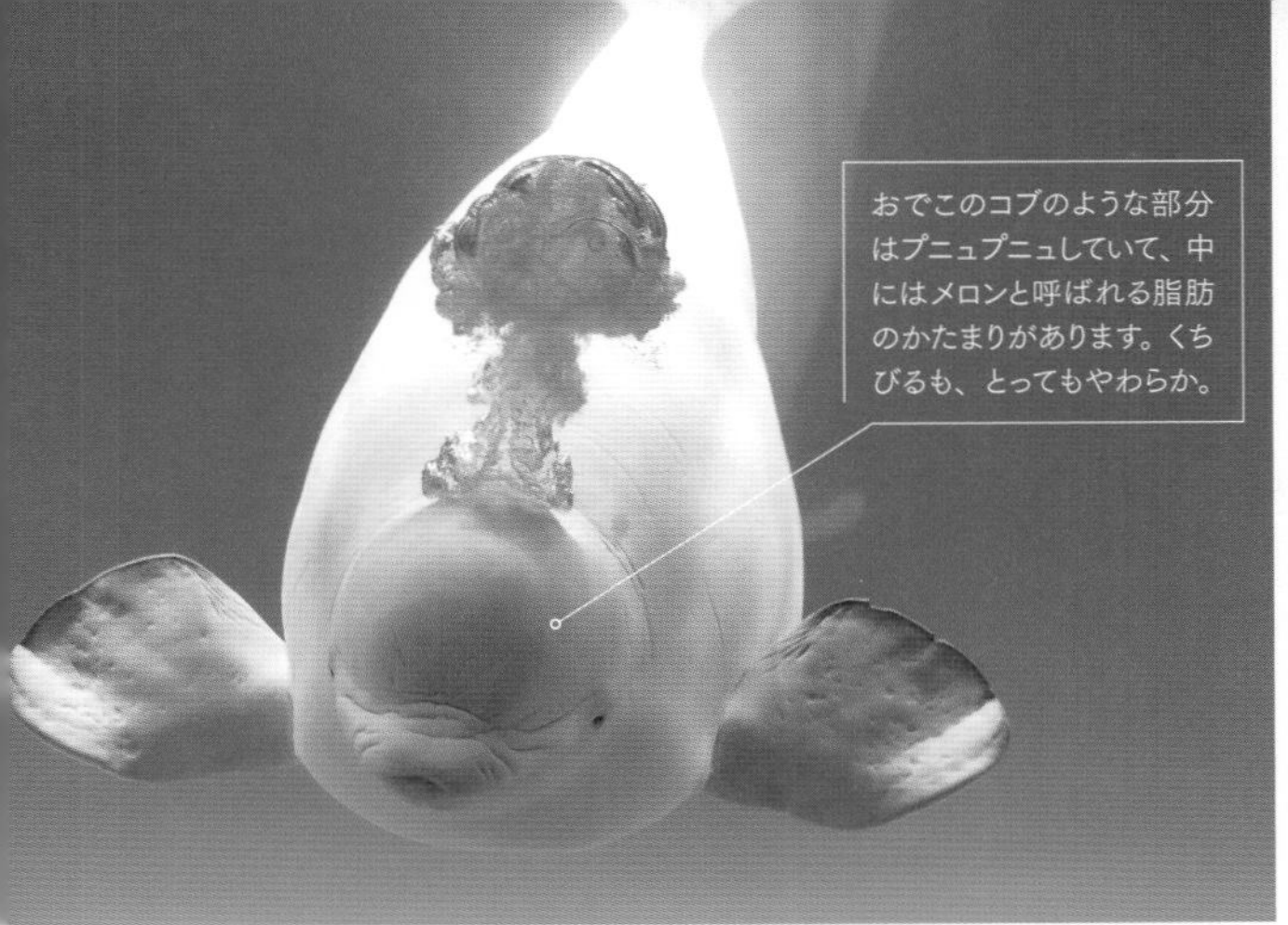

おでこのコブのような部分はプニュプニュしていて、中にはメロンと呼ばれる脂肪のかたまりがあります。くちびるも、とってもやわらか。

声まねもできる
海のカナリア

ナック

ベルーガ

哺乳綱偶蹄目イッカク科
推定37歳／♂

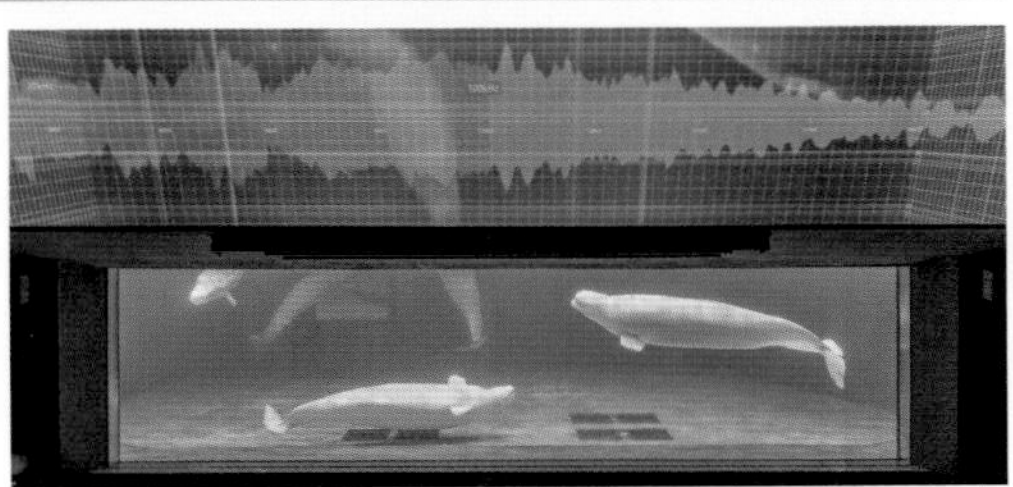

白いやわらかボディと澄んだ鳴き声、高い知能で知られるベルーガ。中でもナックは、「オハヨウ」など人間の声まねをする特殊な能力を持っています。水槽とプロジェクターを組み合わせた劇場型の展示は見応え抜群です。ベルーガが出す超音波をリアルタイムで可視化する展示も。

サンゴ礁に泳ぐ瑠璃たち

—

ルリスズメダイ

硬骨魚綱スズキ目
スズメダイ科

サンゴ礁に暮らすルリスズメダイは、その名のとおり美しい瑠璃色です。実は生まれた時は半透明で、1か月ほどで成魚と同じ色になります。小さいけれど縄張り意識が強く攻撃的。メスの産卵に適した岩を、オスが守ります。

オスは全身が青色ですが、メスの尾ビレは透明。ルリスズメダイ自身も、その色で雌雄を見分けています。

個性豊かな丸まるブラザーズ

ぴん＆ぽん

マタコミツオビアルマジロ

哺乳綱被甲目アルマジロ科
ぴん▶2017年5月14日／♂
ぽん▶2019年3月18日／♂

ブラジルに暮らすマタコミツオビアルマジロ。体はうろこ状の硬い皮で覆われ、おなかや足の内側はやわらかくふわふわで、長い毛に覆われています。硬い体表は敵に襲われた時に丸まって体を守るため、頑丈な爪は、土の中の昆虫などを捕食する時に役立ちます。

同館に暮らすのはぴんとぽんの兄弟。アルマジロらしく丸まるのが得意ですが、くるんと丸まった姿から一転、滑るように高速歩行する姿に驚かされます。

写真提供（p42-45）：川崎水族館

兄ちゃんのぴんは好奇心旺盛な性格。同居しているアカアシガメに乗りかけたり、カメのごはんである葉物野菜を集めて自分の布団にしたり。スロープ付きのエサ台から丸まって転がり落ちた……なんていう楽しいエピソードも。飼育員さんが掃除をしていると手につかまってきたり、立ち上がって長靴をホリホリすることも。

弟のぽんも甘えんぼうで、スタッフにじゃれつくのが大好き。うっとりうれしそうに撫でられる姿がかわいいと、SNSでも大人気です。

A 右ページのおなかを上にする姿は安心しているから。ぴんの愛嬌ある仕草はお客さんの心をつかんでいます。 B ぴんは、飼育員さんにくっついてまわり、すきさえあれば撫でてもらおうと狙っています。

想像以上に素早い動きで走ったり穴を掘ったり。野生で敵に襲われて丸まるのは、その余裕がない時が多いとか。エサやりは夕方。時間は決まっていませんが、モグモグとご飯を食べる姿を狙ってみては。

鮮やかカラーの
アマゾンの宝石

カシュー

オニオオハシ

鳥綱キツツキ目オオハシ科
推定5歳／♀

クチバシの黄色が、ややオレンジがかっているカシュー。引っ込み思案でしたが、今ではすっかり慣れてグイグイくるように。

熱帯に住むキツツキの仲間で、大きなクチバシには熱い時に体温を放出する役目もあります。カシューは仲間と遊ぶのが好きで、ごはんの最後の一粒を口にくわえて見せびらかすなど、ゆたかな表情を見せてくれます。

ぬいぐるみも大人気の仲良しチーム

イグアス＆ネグロ＆ラプラ＆シングー

ピラルク

硬骨魚綱アロワナ目
アロワナ科

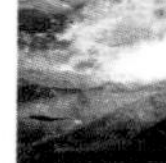

このピラルクたちはまだ体長1.5mほどで、顔にもあどけなさが残ります。

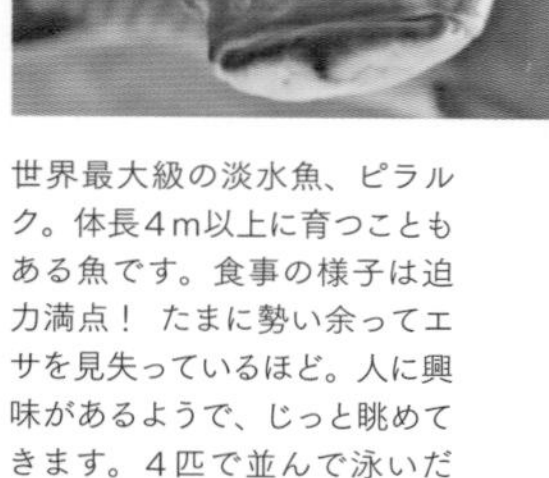

世界最大級の淡水魚、ピラルク。体長4m以上に育つこともある魚です。食事の様子は迫力満点！ たまに勢い余ってエサを見失っているほど。人に興味があるようで、じっと眺めてきます。4匹で並んで泳いだり、川の字で寝たりすることもあり、目にしたお客さんを驚かせたり喜ばせたり。

ナマケモノなのにお客さんを驚かせるほど活発で、岩を伝って滝を登り、脱走を試みることも。

無表情そうで
実は表情豊か

アコ

フタユビナマケモノ

哺乳綱有毛目
フタユビナマケモノ科
—／♀

前足には指のような爪が２本。木やロープを伝って移動したりぶらさがったりするのが得意な一方、地面でははって歩きます。午前10時頃にはお気に入りの寝場所を探して動いたり、好物のサツマイモを食べたりしている姿が見られるかもしれません。

強そうだけど臆病な面も

—

ピラニア・ナッテリー

硬骨魚綱カラシン目
セルラサルムス科

立派な牙をもち好物のアジを一瞬で食べ尽くしますが、人工のエサはちびちび・しぶしぶ。かなりグルメかも？

群泳はここならでは

—

アジアアロワナ

硬骨魚綱アロワナ目
アロワナ科

どっしり見えますが実は繊細で、エサやメンバーなどの変化にかなり敏感。オスとメスの恋模様もあるとか。

触れ合いも人気
器用な海のライオン

レオ

オタリア

哺乳綱食肉目アシカ科
2003年／♂

アシカの仲間で、がっしりした体が特徴のオタリア。同館の広い展示室では、陸上から水中まで様々な角度からオタリアの姿を見ることができます。
20歳のレオは、体は大きいけれどとっても器用です。大きな体、ふさふさのたてがみという立派な体でも、おっとりマイペースな性格のレオ。けれど女の子を見るとオスらしく積極的にアピールします。ガールフレンドのカシスと同居している時は、そばを離れないのだとか。

目のプログラムが、「ペンギン・アザラシ・オタリアの海の生きもの覗き見隊」。1日2回開催されるアニマルパフォーマンスでは、輪投げやボール遊び、お客さんにキスのプレゼントなど、様々な芸を披露。レオに触ったり、一緒に写真を撮ったりできる「ふれあいラグーン」にも大満足です。

力強い咆哮は迫力満点、パフォーマンスや触れ合いに興奮し、目を細ーくして笑う顔にほっこり。何度でも会いに行きたくなっちゃいます。

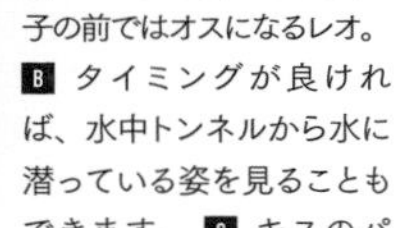

A のんびり屋だけど女の子の前ではオスになるレオ。 B タイミングが良ければ、水中トンネルから水に潜っている姿を見ることもできます。 C キスのパフォーマンス。レオの大きさがよくわかります。 D おっとりして人好きなレオとの触れ合いでは、人至近距離で迫力満点の体験ができます。

大きな体で一生懸命走る姿は、迫力もかわいさも満点。にっこり笑うと目がなくなっちゃいます。

レオ DATA

性格｜おっとりしてマイペース
特技｜笑顔
好物｜大きなイカ、アジ、ゼリー

写真提供（p46-49）：横浜・八景島シーパラダイス

水槽越しに見つめてね

—

バンドウイルカ

哺乳綱偶蹄目
マイルカ科
2021年6月3日／♂

好奇心旺盛で人が大好き！　アクリル越しにお客さんと追いかけっこをしたり、ボールなどに反応して遊んだり。

海のギャングは不器用？

—

ウツボ

魚綱ウナギ目
ウツボ科

暴れんぼうのイメージですが、くわえたエサを落としたり、同居のイセエビにエサを奪われたりと意外な一面も。

差し出された手にタッチしようと一生懸命なキソ。真剣になると鼻の穴が大きくふくらんじゃう？

好奇心旺盛なかわいい人気者

キソ

コツメカワウソ

哺乳綱食肉目
イタチ科
2016年10月23日／♂

キソ（上写真）は好奇心旺盛で人間観察が大好き。おしゃべりなコツメカワウソが多い中で控えめな性格ですが、大好物のワカサギを見た時には元気いっぱい、積極的に駆け寄ってきます。

味覚や嗅覚がとても鋭いホッキョクグマ。ホッケや馬肉、リンゴが大好物で好きなものから食べる派だとか。岩に体を擦りつけて豪快なダイブをキメたかと思えば、飼育員さんがリンゴを水中に入れても陸で待っていることも。

泳ぎは大得意だけど……
気まぐれさも魅力です

ユキ丸

ホッキョクグマ

哺乳綱食肉目
クマ科
1992年／♂

白く見える体毛は、実は透明。光の反射により白く見えています。毛の下にある皮膚はなんと黒色です。

水玉模様のオシャレさん

—

マダラトビエイ

軟骨魚綱トビエイ目
トビエイ科
—／♀（2匹）

体長2mにもなる体で飛ぶように優雅に泳ぎますが、ダイバーの頭をガブガブしてエサをねだる一面も。

小さくて気の強い末っ子

ツネ

ハイイロアザラシ

哺乳綱食肉目
アザラシ科
2021年3月19日／♀

3姉妹が見られるのは同館だけ。おもちゃで刺激を与えて野生本来の反応や仕草を見られるよう工夫しています。

癒やしパワー絶大な
カメのコンビ

ティダ＆ウチワ

アオウミガメ

爬虫綱カメ目ウミガメ科
ティダ▶2018年8月4日／性別不明
ウチワ▶2018年8月4日／性別不明

展示スペース「ウミガメの浜辺」で出会えるアオウミガメたち。夏には相模湾にも回遊してくる彼らの生活は、気持ちがいいほどのんびりしています。日向ぼっこをしたり、プールの底でお昼寝したり、ゆったり泳いだりと、思い思いに過ごす様子は、癒やしパワー満点です。

中でも「かわいい！」と人気なのが、いちばん小さなティダとウチワ。いずれも4歳で、一緒に暮らすお母さんのノンキから生まれました。

一緒に生まれた2頭ですが、性格はちょっとちがいます。ティダは少しこわがりさん。エサに夢中になっているうちに大人のカメたちに囲まれてしまい、まるでドッキリを仕掛けられたように大慌てする姿はコミカルで愛らしい。

ウチワは、大きなカメたちにも臆せず突っ込んでごはんをゲットする胆の据わりぶり。飼育員さんの胴付き長靴に噛みついてエサをねだる、無邪気なところもあります。でも、噛みすぎて長靴に穴を開けるのはやめてね……。

A エサを食べるウチワ。自然界のアオウミガメは海藻や海草をよく食べるため、歯はないものの固いクチバシがあります。B 一緒に泳ぐティダとウチワ。晩秋～早春にはプールを暖房で温めています。C 誕生翌日のティダ。甲羅の長さは約4.4cmでした。D エサやトレーニングの時間には、飼育員さんと触れ合う姿が見られるかも。

甲羅が美しい左右対称で、陽の光を浴びているような光沢があるティダ。沖縄の方言で「太陽」という意味の名です。

ティダ＆ウチワ DATA

性格	ティダはちょっと臆病、ウチワはこわいもの知らず
特技	色を見分けるトレーニング
好物	海藻

写真提供（p50-53）：新江ノ島水族館

元気いっぱいに泳ぎ
海草をくわえて寝ます

アミメハギ

硬骨魚綱フグ目カワハギ科

突き出た口が愛嬌たっぷり水面近くの海草をくわえて眠る姿は、見ていると安心するようなリラックス感。

尾ビレを開閉しながら泳ぐ様子が独特。好奇心旺盛で、水槽に近づくとアクリル越しに寄って来てくれるかも。体長8cmほどの小さな魚ですが、エサの時間には大きなボラと競うようにやってくるパワフルな一面も。

特技はおんぶで隠れ身の術？

オオホモラ

軟甲綱十脚目
ホモラ科

いちばんうしろの足で、ヒトデから貝殻、サンゴまで、いろいろなものを背負います。生きていてもおかまいなし。

深海に暮らすカニの仲間、オオホモラには見つけたものを背負う習性があります。背負うものにはそれぞれこだわりがあるよう。サンゴを背負ったまま脱皮したら、わざわざ脱皮殻から外して背負いなおすなんてことも。

ドレスをまとった目玉焼きのような？

コティロリーザ・ツベルクラータ

鉢虫綱根口クラゲ目
イボクラゲ科

紫色の付属器がのぞく口腕はフリルのようで、オシャレなドレス姿にも見えます。水面にプカプカしていることが多いよう。

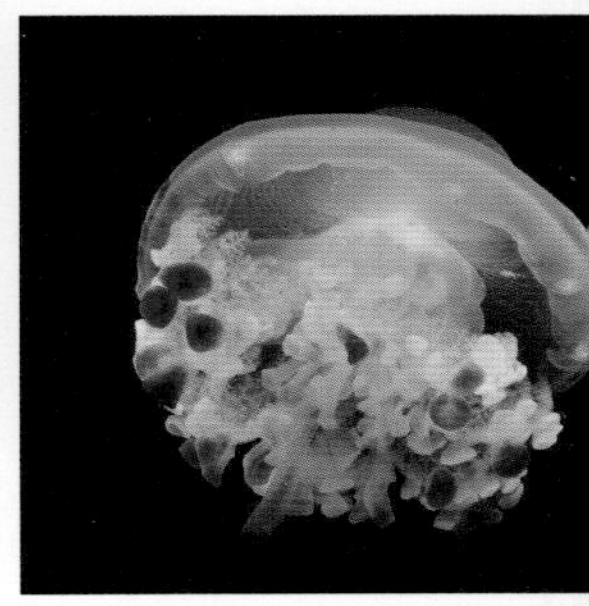

英名は「フライドエッグジェリー」。「目玉焼きクラゲ」です。たしかに、ふっくらした中に黄色が透けるカサは目玉焼きに似ているかも。展示している個体はすべて同館生まれ。しゃれた姿で人気を集めています。

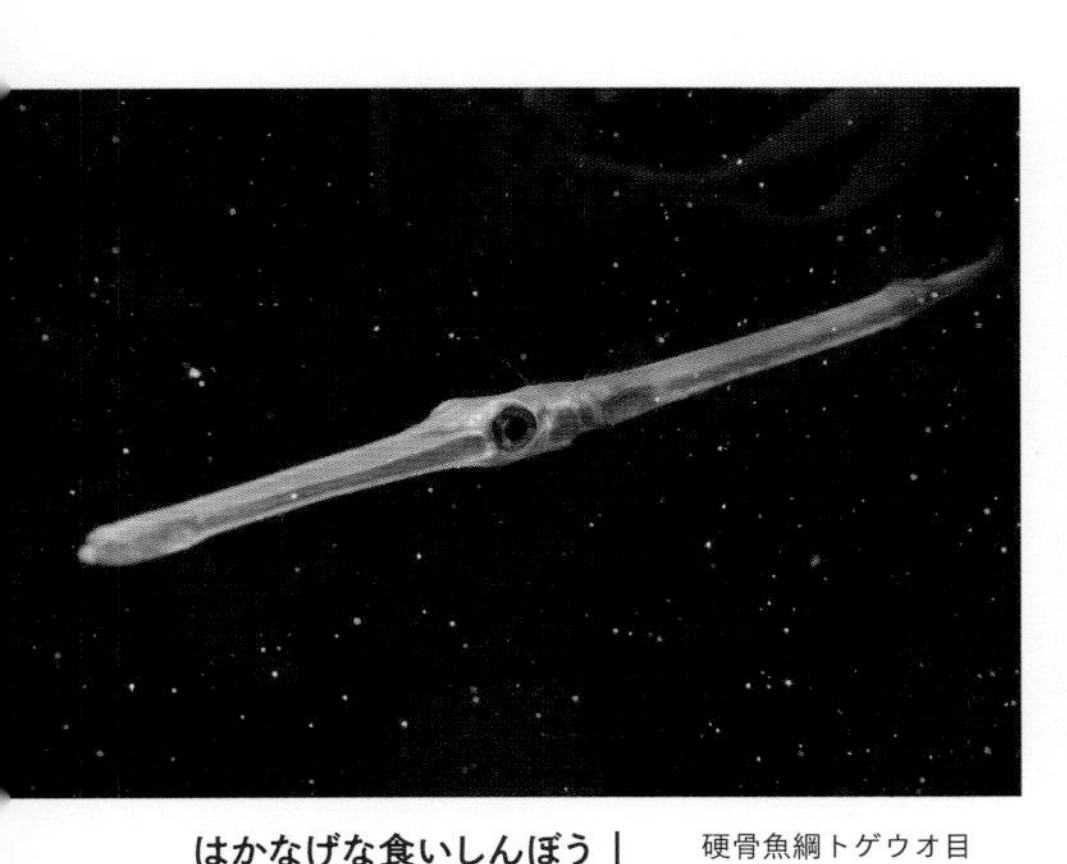

はかなげな食いしんぼう

アオヤガラ

硬骨魚綱トゲウオ目
ヤガラ科

目にもとまらぬ速さでエサにアタック。エサが長い口の中を通って飲み込まれていく様子が観察できます。

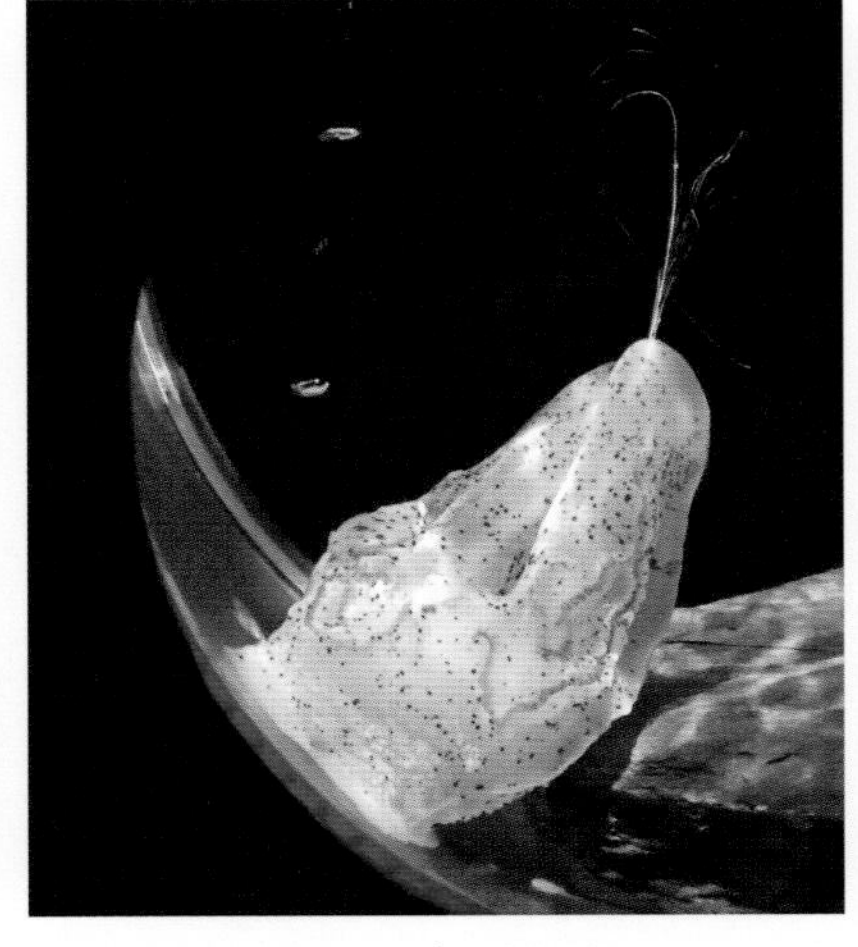

ウサ耳から触手が

コトクラゲ

有触手綱クシヒラムシ目
コトクラゲ科
雌雄同体

ウサギの耳のような二股の腕の部分にエサを近づけると、側面をパッと開いて面白いように取り込みます。

サービス精神旺盛で
ずっと見ていたくなる

ひまわり&ぼたん

ゴマフアザラシ

哺乳綱食肉目アザラシ科
ひまわり▶2020年4月4日／♀
ぼたん▶2020年3月30日／♀

ゴマフアザラシのひまわりとぼたんは、同い年で生まれた日も近く、仲良しの異母姉妹です。

ひまわりは、「温泉アザラシ」というアザラシフィーデングタイムのメイン種目を継承するべく特訓中。気分屋さんなので難航することもありますが、一歩一歩成長しています。

ぼたんは、飼育員さんに「ショーの種目を覚える天才」と言われる芸達者ぶり。特にリング種目が好きで、投げられたリングを直接首でキャッチできます。

頭の成長を見守るファンは多く、SNSに新しい種目の動画をアップすると熱心な応援コメントが寄せられます。一生懸命な姿が生で見られるフィーデングタイムは必見。
もちろんそれ以外の時間もかわいさ全開です。水中観覧室からは気持ちよさそうに泳ぐ姿や、2頭で顔を寄せ合ってチューする姿、ヘンテコな体勢の寝姿、鼻がつぶれるほどガラス面に近づいたり、「あっかんべー」と舌を出したりしているところなどなど、いろいろな場面に出会えます。

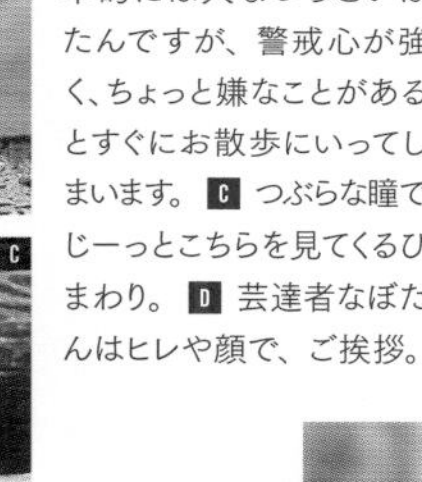

A よく水槽のガラス面からお客さんに顔を見せてくれます。鼻がつぶれるほど近づいてくることも。B 基本的には人なつっこいぼたんですが、警戒心が強く、ちょっと嫌なことがあるとすぐにお散歩にいってしまいます。C つぶらな瞳でじーっとこちらを見てくるひまわり。D 芸達者なぼたんはヒレや顔で、ご挨拶。

2頭のかわいいチューにも大チュー目！　お客さんから歓声があがります。

ひまわり＆ぼたん DATA

性格｜好奇心旺盛だけど警戒心強め
特技｜温泉アザラシ特訓中（ひまわり）、リングを首でキャッチ（ぼたん）
好物｜アジ（サバは嫌い）

写真提供（p54-57）：箱根園水族館

ぽってりとしたフォルムが愛嬌たっぷり。好物のアジをたくさん食べて大きな体に育ちました。

A もともと淡水で暮らすバイカルアザラシと、海水で暮らすゴマフアザラシが一緒に見られるのがアザラシ広場の特徴です。 B 箱根園名物の温泉アザラシ。本当にお湯につかっているようなくつろいだ様子に癒されます。 C 大きな目はバイカルアザラシの特徴。ベテランのアッシュはカメラ目線もばっちりです。

大活躍
2代目・温泉アザラシ

アッシュ

バイカルアザラシ

哺乳綱食肉目アザラシ科
— ／♂

アザラシフィーディングタイムの目玉となる芸が「温泉アザラシ」。それを先代から受け継いで披露しているのがアッシュです。手ぬぐいを頭にのせ風呂桶を持っている姿は、温泉地箱根らしくてほっこり。

頑張り屋のアッシュは、温泉アザラシ以外にも、ボール種目やバイバイなどいろいろなパフォーマンスで楽しませてくれます。一生懸命な姿と、たいていのことには動じないどっしりした性格、そしてもちもちのボディに癒されること間違いなし。

握手も上手なやんちゃ者

A

コツメカワウソ

哺乳綱食肉目
イタチ科
2018年12月18日／♂か♀

触れ合いイベントは大人気！ 小さな爪のある手を必死に伸ばしてごはんをつかむ様子にメロメロになります。

自由な寝相が元気のモト？

B

アオウミガメ

爬虫綱カメ目
ウミガメ科

ダイバーのフィンに噛みついて掃除の邪魔をしたり、丸窓や水槽内の沈没船に挟まったりと、自由なふるまいに注目。

実は個性も表情もゆたか

C

チンアナゴ

硬骨魚綱ウナギ目
アナゴ科

ニョロっと砂から頭を出した姿がユーモラスですが、こわがりですぐに巣穴へ。14時頃のごはんタイムは狙い目！

ペンギン界No.1スイマー？

D

ジェンツーペンギン

鳥綱ペンギン目
ペンギン科

目もとの模様と、黄色いクチバシ、ツンとした長い尾羽が目印。朝夕の給餌の時間がダイナミックな潜水姿を見るチャンスです。

Category

03

TOKYO

東京

03 マクセル アクアパーク品川

P068

四季折々の美しいデジタルアートで彩った、可変性のある展示やイベントが魅力。約20mの海中トンネル「ワンダーチューブ」ではドワーフソーフィッシュやナンヨウマンタなど約15種のエイも見学できます。

住所●東京都港区高輪 4-10-30（品川プリンスホテル内） **電話**●03-5421-1111 **開館**●時期により異なる、HPを確認 **休み**●無休 **料金**●小人無料～1300円、大人2500円ほか **駅**●JR各線・京急本線品川駅から徒歩約2分 **HP**●https://www.aqua-park.jp

04 葛西臨海水族園

P072

世界で初めてクロマグロの群れ展示に成功した同園は、水量2200トンのドーナツ型大水槽「大洋の航海者 マグロ」で群泳するクロマグロが必見です。冬期に4種のペンギンが観察できる屋外展示施設は国内最大級。

住所●東京都江戸川区臨海町6-2-3 **電話**●03-3869-5152 **開園**●9:30～17:00（入園は閉園1時間前まで） **休み**●水（祝・振替休日の場合は翌日） **料金**●小人無料～250円、大人700円ほか **駅**●JR京葉線葛西臨海公園駅から徒歩5分 **HP**●https://www.tokyo-zoo.net/zoo/kasai

AQUARIUM DATA

01 サンシャイン水族館

P060

日本初の都市型高層水族館として1978年に開館し、2011年に全面リニューアル。見どころはビルの屋上に広がる「マリンガーデン」。大空をバックに、生きものの生態を至近距離で観察できる空間です。

住所●東京都豊島区東池袋 3-1 サンシャインシティワールドインポートマートビル屋上 **電話**● 03-3989-3466 **開館**● 9:30～21:00（入館は閉館 1 時間前まで）変動あり **休み**● 無休 **料金**●小人無料～1400円、大人2600円～ **駅**● JR各線・東京メトロ各線・西武池袋線・東武東上線池袋駅から徒歩10分 **HP**● https://sunshinecity.jp/aquarium

02 しながわ水族館

P064

“海や川とのふれあい”をテーマに、品川の海から世界の海や川の生きものたちに出会える水族館。海中散歩気分が味わえる全長22mのトンネル水槽は必見です。間近で楽しめるイルカショーは迫力満点で大人気。

住所●東京都品川区勝島3-2-1 **電話**● 03-3762-3433 **開館**● 10:00～17:00（入館は閉館30分前まで） **休み**●火、1月1日 **料金**●小人無料～600円、大人1350円ほか **駅**●京急本線大森海岸駅から徒歩８分 **HP**● https://www.aquarium.gr.jp

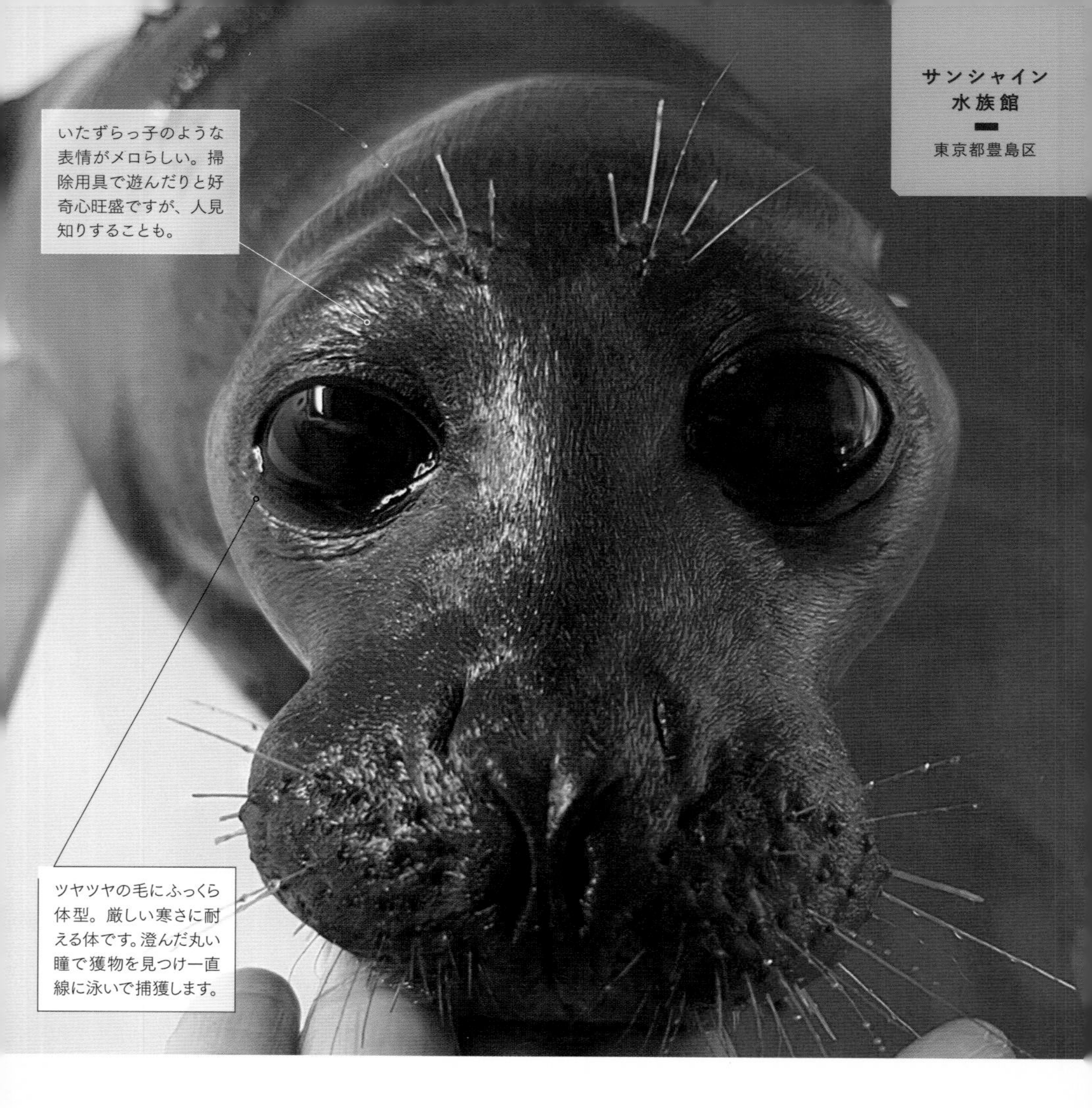

レアなアザラシの 激レアな水族館生まれっ子

レオ&ラム&メロ

バイカルアザラシ

哺乳綱食肉目アザラシ科
レオ▶ ― ／♂
ラム▶ ― ／♀
メロ▶2019年3月27日／♂

国内で20数頭しか飼育されていないバイカルアザラシ。中でもメロは国内2例目の繁殖個体として、たくさんのファンが成長を見守っています。

ロシアのバイカル湖に住んでいるバイカルアザラシ。世界一の透明度といわれる水の澄んだ湖で視力を頼って狩りをするため、大きな目が印象的。丸っこい体も氷に覆われた水中に暮らすため皮下脂肪が厚いからです。高層ビルの上にある同館の水槽にも擬氷を浮かべてあります。

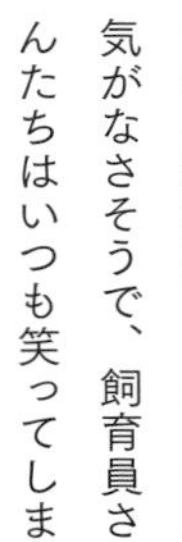

日中はまっすぐに泳ぎ続けるアクティブ派がまったりした姿を見せるのは水槽の水抜き掃除の時（開館前）。お互いのおなかをカリカリとかきあっている姿があまりにもやる気がなさそうで、飼育員さんたちはいつも笑ってしまうそうです。

魚ちょうだいアピールの激しいレオ（父）。レオがちょっかいを出しすぎると鼻をブーブー鳴らして対抗するラム（母）。やんちゃで豊かな表情を見せてくれるメロ。レアで仲良しな一家に会いに行ってみませんか。

A 飼育員さんも感心するほど、日中はとにかく泳ぎ続けます。**B** メロは「動きがおもしろい」といわれる人気者。陸上での移動は得意ではありません。**C** マイペースだけれど怒るとこわいラム。優しい肝っ玉母さんでもあります。**D** 生後10日頃のメロ。白い体毛は黒くなりましたが、クリクリの瞳は成長した今もそのまま。

直立不動のレオ。発情シーズン（2～4月）は大好きな魚に目もくれずラムを追っかけてアピールします。

レオ＆ラム＆メロ DATA

性格｜レオはラムが大好き
特技｜メロはバイバイや敬礼
好物｜イワシ、サンマ

写真提供（p60-63）：サンシャイン水族館

水を弾く体毛はいつもツヤツヤ。体が濡れるといろいろなものにスリスリして乾かします。

器用な手先で水陸を自由に闊歩

マハロ

コツメカワウソ

哺乳綱食肉目イタチ科
2014年8月7日／♀

仔どもたちと一緒に暮らすマハロ母さん。仔どもが小さい時はつきっきりでお乳をあげたり体を舐めたり。警戒も強かったけれど、今では育児にも慣れ、どっしり見守り、時には仔のエサを横取りすることも。

大きな「かまってちゃん」

シュガー

モモイロペリカン

鳥綱ペリカン目
ペリカン科
―／♂

サンシャイン水族館の中では最も体が大きく物怖じしないイケイケタイプ。長い首でみんなのエサを狙います。

見た目はまるでUFO

―

メンダコ

頭足綱八腕目
メンダコ科

放射状にひろがる足が特徴。動きはゆるやかですが、頭部のヒレをパタパタさせたり、エサに向かって泳いだりも。

※展示されていない期間があります。

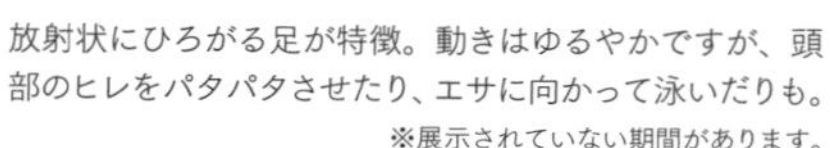

口先がユーモラス

D

—

ゾウギンザメ

軟骨魚綱ギンザメ目
ゾウギンザメ科

ギンザメの仲間。ゾウのような特徴的な口先はエサを感知するためのセンサーの役割があります。

ビッグサイズでも童顔

C

チャップ

カリフォルニアアシカ

哺乳綱食肉目
アシカ科
2010年6月26日／♂

1日10kgのエサを食べる200kg超えの巨漢。大人のオスの特徴である額の膨らみも立派です。

ぽかぽか陽気が名の由来

B

ポッカ

ケープペンギン

鳥綱ペンギン目
ペンギン科
2017年1月13日／♀

飼育員さんが他のペンギンを見ていると割って入ってアピール。体操選手顔負けの片足立ちが得意。

驚くと水中にダイブ

A

—

フィリピンホカケトカゲ

爬虫綱有鱗目
アガマ科

帆のような大きな尾は興奮すると紫に変色。タイミングによってはエサやりの様子を観察できます。

離れた目が愛嬌たっぷりのさくら。器用にウインクを見せてくれることもあります。
泳いでいる時に水が入ってこないよう、鼻の穴はぴったり閉じることができます。

しながわ水族館

東京都品川区

ごはん大好き！ いつでも食欲全開です

さくら

ゴマフアザラシ

哺乳綱食肉目アザラシ科

—／♀

ショー出演回数館内ナンバーワン。豪快なジャンプや輪投げ、キメポーズで記念撮影など、なんでもこなす多才なさくら。でも、いちばん得意で大好きなのは、なんといっても食べることです。

エサを準備する音が聞こえるとソワソワし始め、扉が開くと浅瀬に乗り出してスタンバイ。季節によってはバックヤードの中まで入り、「ごはん、まだかな?」と言わんばかりに様子をうかがうほど。あまりの圧に、飼育員さんも笑ってしまいます。

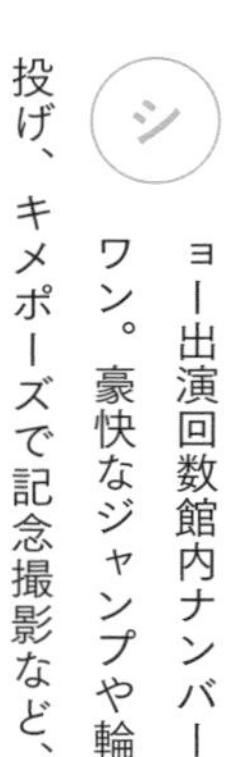

換毛中のアザラシは泳がずに陸で休憩する時間が長くなり、エサもあまり食べなくなるのが一般的ですが、そんな時もさくらの食欲はほとんど変わらず。直前まで陸で寝ていても、もこもこに乾いたままエサをもらいにやってきます。おまけに、その状態のままショーにも参加するから驚きです。

物怖じしない性格で、初めて見るものでもすぐに受け入れるさくらですが、肩車の親子と、三脚を使った背の高いカメラだけは苦手。首を伸ばし、目を見開いて逃げていきます。

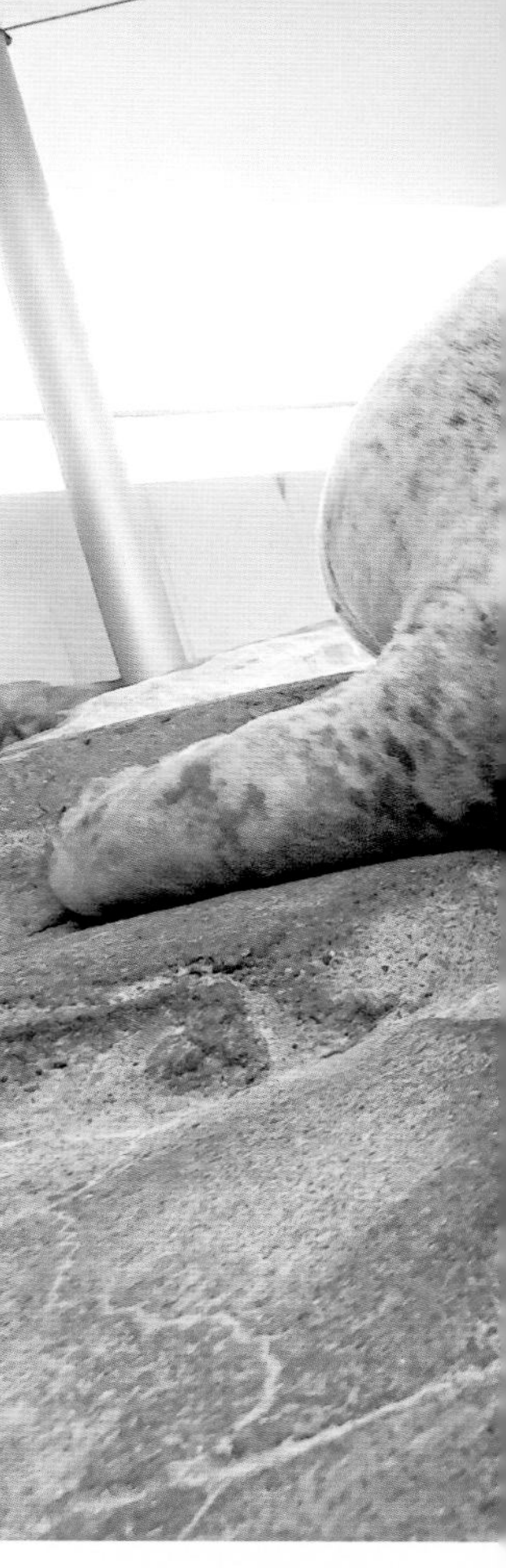

A 前肢を上手に使ってボードを持つさくら。集中する時はたいてい鼻の穴が開いています。季節ごとのメッセージなどを書いてSNSに登場すると「いいね!」を集めます。 **B** 食べものへの愛は誰にも負けません。エサやり体験プログラムはお互いにうれしい時間。 **C** 気持ちよさそうにウトウト。 **D** さくらの特技のひとつ「あっかんべー!」。

さくら DATA

性格｜好奇心旺盛で物怖じしない
特技｜舌出し、輪投げ
好物｜サンマ、サバ、イワシ

写真提供（p64-67）：しながわ水族館

小柄で、よく見ると鼻に模様があるのが目印のシュラ。子も孫もいる、大家族のお母さんです。

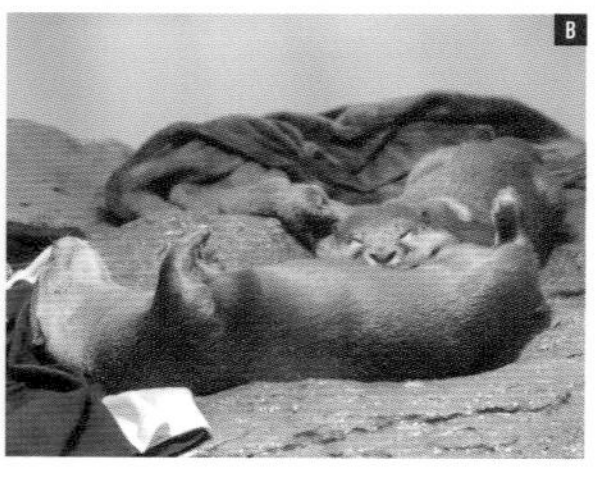

A シュラはニコにとって育てのお母さんです。 B ヘソ天で寝ているニコのおなかに顔をのせるシュラ。ムチムチのニコのおなかは、とっても気持ちよさそうです。食後は2頭でゴロゴロじゃれ合い、そのままお昼寝に入るのがルーティーン。 C やんちゃで元気なニコ（左）にいつも振り回されるシュラですが、いつもニコを優しく見守っています。

お昼寝姿に癒やされる 叔母さん＆姪っ子

シュラ＆ニコ

コツメカワウソ

哺乳綱食肉目イタチ科

シュラ▶2003年1月29日／♀

ニコ▶2014年8月2日／♀

叔母さんシュラと姪っ子ニコ。いつも優しく見守るシュラは、小柄ですが意外と物怖じしないしっかり者。一方のニコは、慣れた所や慣れている人の前では元気いっぱいですが、新しい環境は苦手なこわがり屋さんです。

ニコは食いしんぼうで、シュラがエサを落としたりしようものなら一瞬で拾い勝手に食べてしまいます。そのおかげか、ニコは少々ぽっちゃり。そんなニコのおなかを枕にして寝るシュラ。2頭はいつも仲良しです。

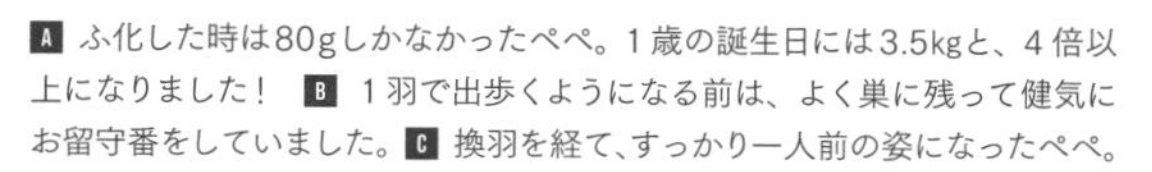
A ふ化した時は80gしかなかったペペ。1歳の誕生日には3.5kgと、4倍以上になりました！ B 1羽で出歩くようになる前は、よく巣に残って健気にお留守番をしていました。C 換羽を経て、すっかり一人前の姿になったペペ。

自由人ならぬ自由鳥？
いたずらっ子に成長中

ペペ

マゼランペンギン

鳥綱ペンギン目ペンギン科
2021年5月7日／♂

やや放任主義の両親に育てられたので、小さい時から1羽でもへっちゃらのペペ。巣に入ったり、陸で寝ていたり、プールで泳いだり、飛んできた虫を追いかけたり、とっても自由に過ごしています。

2~3歳年上のペンギンたちの真似をして、一緒にバックヤードを冒険したり、しゃがんで作業しているスタッフの制服や無線機を引っ張ったりといたずらを覚えていきました。換羽も進み、身も心もぐんぐん成長して、今は立派な大人です。

ダイバーの憧れ
大きな体ののんびり屋

カイト

ナンヨウマンタ

軟骨魚綱トビエイ目トビエイ科

世界最大級のエイの仲間で、オニイトマキエイと同種と見られていたものが、近年になって別種と判明しました。あたたかい海に生息し、大きな体に似合わない小さなプランクトンを食べています。マンタはダイバーが海で会いたい憧れの魚ともいわれています。

3mほどの大きさの個体が多い中、野生では幅5mほどにもなる個体も確認されています。小魚と一緒に行動することが多く、体を掃除してもらうことも。

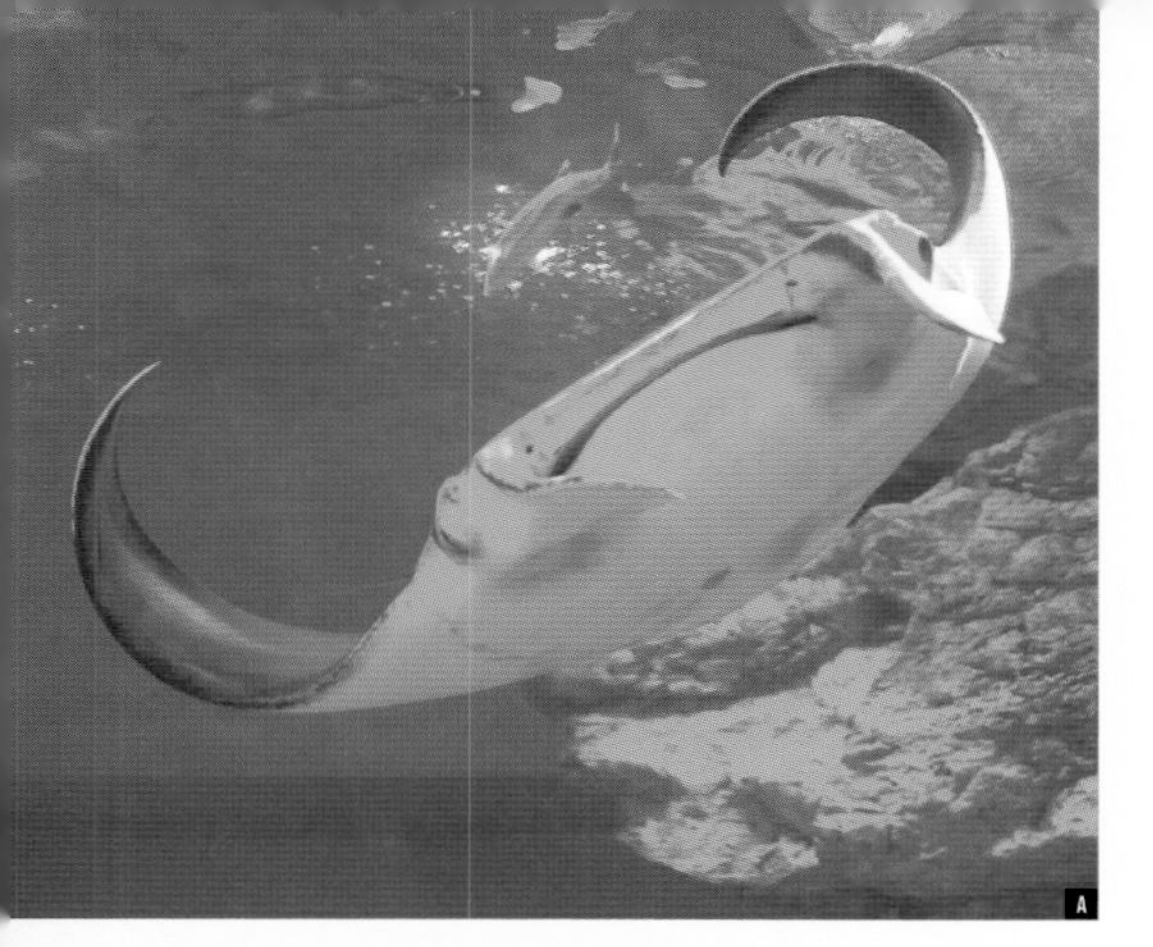

カイトは好奇心旺盛で遊ぶことが好き。ダイバーさんが水槽の掃除をしている間も、頭の上を旋回していることが多いとか。作業に集中し構ってあげられずにいるとあきらめて離れていき、終わってから遊んであげようとしても近づいてこないことがあります。飼育員さんたちには、そんなすねてしまう様子もかわいいそうです。

エサを食べた後、ときどき宙返りをするのは海水ごと口に入れたエサをこしとるための行動ともいわれています。

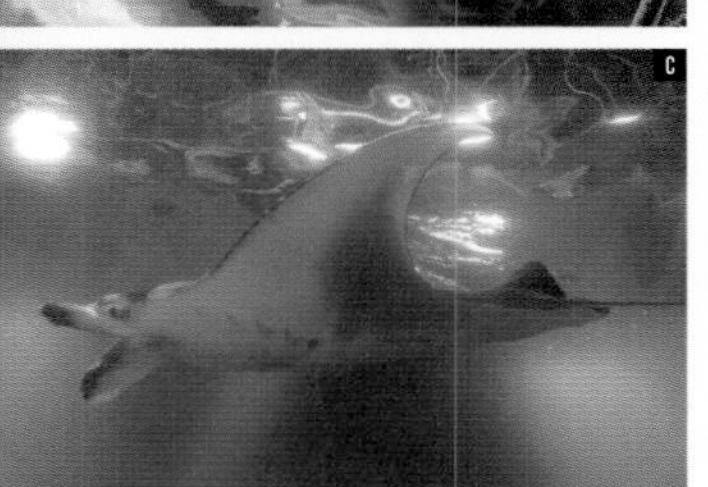

A 大きな体でも、とても穏やかで人なつっこいマンタ。野生でもダイバーに寄っていくなどフレンドリーな行動が多いそう。B 写真では見えにくいですが、カイトは背中に白いハート模様があるので実物で確認してみて。C 約20mの海中トンネルから全方向で生きものを見ることができます。天窓から自然光が差し込み、何時間でも眺めていられる神秘的な光景です。

事前予約のワンダートークガイド（バックヤードツアー）では、飼育スタッフさんからエサをもらって食べる様子を間近に見られます。エサを用意していると、水面に水しぶきをあげてカイトがやってきます。一般公開されていない海中トンネルの上部から生きものを観察してみては。

カイト DATA

性格｜穏やか
特技｜ダイバーと遊ぶこと。宙返り
好物｜オキアミ

写真提供（p68-71）：マクセル アクアパーク品川
撮影：土肥祐治

マクセル アクアパーク品川

エサの後にもらえる氷が大好き。水をかけたり、あっかんベーをしたりしてアピールするおてんばさん。

息を合わせてジャンプ！大技いろいろおまかせあれ

ティナ

オキゴンドウ

哺乳綱偶蹄目マイルカ科

―／♀

黒くて丸いおでこのオキゴンドウはクジラの仲間。大きな口には鋭い歯がいっぱいですが、人なつこくコミュニケーション力も高い人気者。大きな体を活かしたダイナミックなジャンプや、かわいらしい歌声に歓声があがります。

もっと触って！ 体を寄せてアピール

リップ

カマイルカ

哺乳綱偶蹄目マイルカ科

―／♀

好奇心旺盛で自由時間にも人と遊びたがったり、撫でてもらいたがったり。大きな体の仲間たちとも仲良く一緒に泳いでいます。ごはんの後にもらえる氷はすぐに飲み込まず、口の中に溜めています。

口の先にあるのは眼ではなく鼻。眼は背中側についています。大水槽をゆうゆうと泳ぎ回るオスとメスの２匹、超レアな展示です。

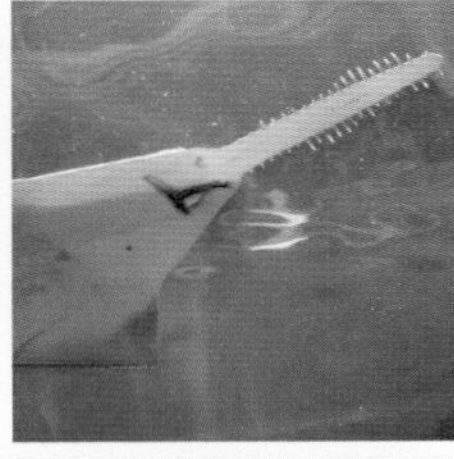

飼育は世界でここだけ、ノコギリを持つエイ

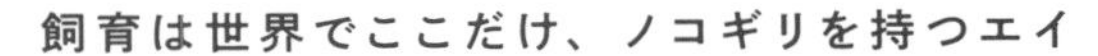

—

ドワーフソーフィッシュ

軟骨魚綱ノコギリエイ目
ノコギリエイ科

ノコギリのような突起（吻）で獲物にダメージを与え、時には切り裂いて食べます。水底にじっとしていることが多いけれど、エサの時間にはアクティブに動いてユニークな食べ方を披露してくれます。

記憶力のいいおっとり兄弟

マール & ルース

カピバラ

哺乳綱げっ歯目テンジクネズミ科
マール▶2017年4月4日／♂
ルース▶2017年4月4日／♂

トレーニングでお座り、お手、おかわり、回るなど、様々な動きを見せてくれるマール（右）とルース。学習能力の高さに驚きの声があがります。日中はプールにいることが多く、撫でられるのが大好きです。

立派な前歯、水かきのある足指、音に敏感で耳をすます仕草、エサが終わった空のバケツを見せてもあきらめずに探す姿。いろいろな特徴を見てみて。

おなかの模様は みんな違うんです

アカハライモリ

両生綱有尾目イモリ科

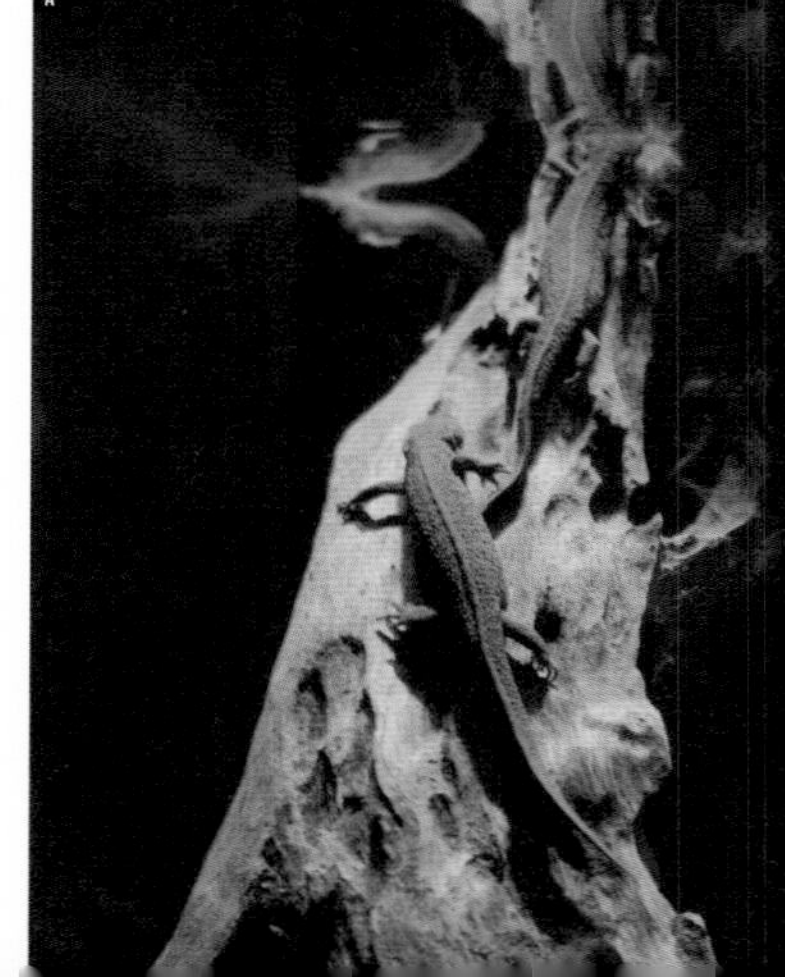

水族館の展示としてはさほど珍しくはないアカハライモリ。しかし、環境省のレッドータブック（2020）では準絶滅危惧とされている生きものです。東京都内にもアカハライモリの生息地があり、都立の動物園や水族園が種を守るために協力し、住みやすい水場作りを行っています。

同園でも繁殖に取り組み、大人と子どもの両方を展示しています。成体（大人）の水槽では水中を泳ぐアカハライモリをじっくり観察できます。

前の由来になっているおなかの赤い模様は個体によって違います。活発に動きまわることは少ないですが、じっくり見ていると息つぎをしに水面に上がってくる行動などが見られます。なんだかクセになるゆったり感。エサの時間には活動的な姿が見られる……かもしれません。

トカゲのしっぽが切れても再生するのは有名です。アカハライモリも再生能力がとても高い生きものです。しっぽだけでなく足や目、脳や心臓まで自力で元通りになる不思議な力を持っています。

A カエルと同じ両生類のイモリは、子どもの時はエラで呼吸。成長すると肺呼吸になり、水中から陸上へと進出します。 B 水中にいるアカハライモリが息つぎのために水面に上がってくる時には、泳ぐ様子がよく観察できます。 C D 同園では産卵や幼生の成育ができる水場をつくって生息状況を調べたり、地元の子どもたちにアカハライモリについて知ってもらう活動も行っています。

写真提供（p72-75）：（公財）東京動物園協会
撮影：土肥祐治

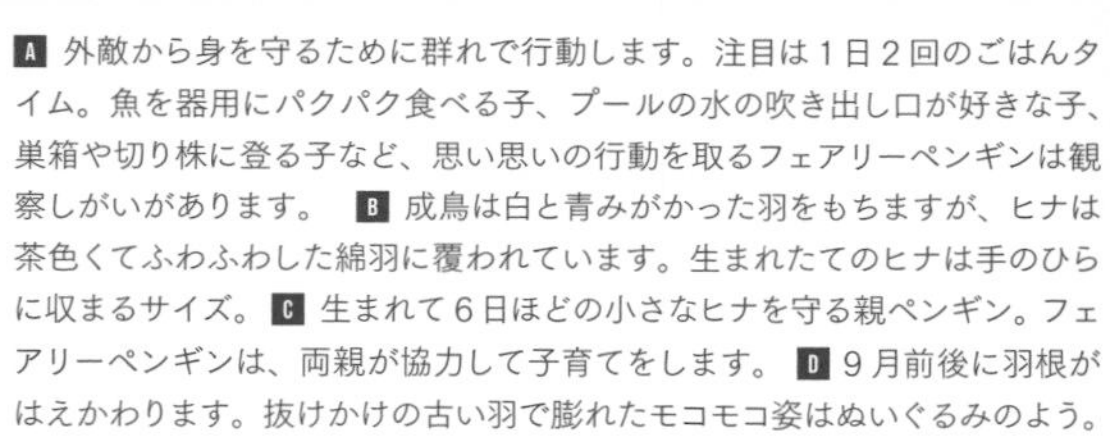

A 外敵から身を守るために群れで行動します。注目は1日2回のごはんタイム。魚を器用にパクパク食べる子、プールの水の吹き出し口が好きな子、巣箱や切り株に登る子など、思い思いの行動を取るフェアリーペンギンは観察しがいがあります。 B 成鳥は白と青みがかった羽をもちますが、ヒナは茶色くてふわふわした綿羽に覆われています。生まれたてのヒナは手のひらに収まるサイズ。 C 生まれて6日ほどの小さなヒナを守る親ペンギン。フェアリーペンギンは、両親が協力して子育てをします。 D 9月前後に羽根がはえかわります。抜けかけの古い羽で膨れたモコモコ姿はぬいぐるみのよう。

世界一小さいペンギンはちょっと攻撃的かも？

フェアリーペンギン

鳥綱ペンギン目ペンギン科

体長は30〜40㎝ほどで、成鳥なのに赤ちゃんだと勘違いされることもあります。見た目とは裏腹に、性格は少々攻撃的。でも、やみくもに攻撃し合うことはなく、3段階の「警告」の鳴き声を使い分けてムダな争いを避けています。

ペンギンは本来、水中で魚などを食べます。しかし同園では落ち着いて満足にエサを食べられるよう陸で給餌をしています。飼育員さんや他のペンギンからの学習で新しい食べ方を身に着けているのです。

生息地のオーストラリア周辺でも数が減っています。生まれた仔魚は成長に合わせてエサを変えるなど、工夫をしながら育てています。

園内繁殖は日本初 オスが卵を守ります

ウィーディ シードラゴン

条鰭綱トゲウオ目ヨウジウオ科

海藻に間違えそうな姿を持つヨウジウオの仲間。全長は20㎝ほどで、水中をユラユラと漂うように泳ぎます。メスがオスの尾部に卵を産みつけ、3㎝ほどの仔魚をふ化させるという珍しい習性をもちます。

トゲトゲしくない でもウニなんです

ジンガサウニ

ウニ綱ホンウニ目ナガウニ科

トゲはないわけではなく、トゲの先がたいらなウニ。吸盤のように岩などに張りつくと、荒波にも負けない強力な吸着で生半可な力でははがせません。ちょっと触った瞬間に張りついてはがせなくなるハプニングは数知れず……

名前の由来は武士のかぶる陣笠に似ているから。ほどよい光沢があり、かっこいいカブトのようにも見えませんか？

Category

04

CHUBU

中部

05 名古屋港水族館

P090

南館と北館から成る同館は延床面積日本最大級。シャチの公開トレーニングとイルカパフォーマンスを行うメインプールは日本最大で、「南極の海」エリアでは世界最大のペンギン・エンペラーペンギンにも会えます。

住所●愛知県名古屋市港区港町1-3 **電話**●052-654-7080 **開館**●9:30～17:30、12～3月中旬／～17:00（入館は閉館1時間前まで） **休み**●月（祝日の場合は翌日）、臨時休館あり **料金**●小人無料～1010円、大人2030円ほか **駅**●名古屋市営地下鉄名港線名古屋港駅から徒歩5分 **HP**●https://nagoyaaqua.jp

06 竹島水族館

P094

ほのぼのとしたアットホームな水族館で、飼育員さんによる手作りの解説プレートが話題。約500種4500匹が展示され、ウニやカニなど深海生物の種類は日本一。冬のタッチングプールでは深海生物に触れることができます。

住所●愛知県蒲郡市竹島町1-6 **電話**●0533-68-2059 **開館**●9:00～17:00（入館は閉館30分前まで） **休み**●火（祝日の場合は翌日） **料金**●小人無料～200円、大人500円ほか **駅**●JR東海道本線・名鉄蒲郡線蒲郡駅から徒歩15分 **HP**●https://www.city.gamagori.lg.jp/site/takesui

07 南知多ビーチランド

P098

愛知県の知多半島に位置し、水族館と遊園地が隣接するレジャー施設。ふれ合い体験型として知られる水族館では、約150種の生きものを飼育展示。アシカ・イルカショーをはじめ、イベントやガイドが充実しています。

住所●愛知県知多郡美浜町奥田428-1 **電話**●0569-87-2000 **開園**●3～10月／9:30～17:00、11～2月／10:00～16:00 **休み**●HPを確認 **料金**●小人無料～900円、大人1900円ほか **駅**●名鉄知多新線知多奥田駅から徒歩15分 **HP**●https://www.beachland.jp

08 のとじま水族館

P102

ジンベエザメなど能登半島近海に生息する魚たちに出会えます。海中散歩しているような気分が味わえる「のと海遊回廊」では、プロジェクションマッピングにもワクワクしそう。イルカやアシカショーも人気です。

住所●石川県七尾市能登島曲町15部40 **電話**●0767-84-1271 **開館**●3月20日～11月30日／9:00～17:00、12月1日～3月19日／～16:30（入館は閉館30分前まで） **休み**●12月29～31日 **料金**●小人無料～510円、大人1890円ほか **駅**●のと鉄道七尾線和倉温泉駅から能登島交通路線バス、のとじま水族館下車すぐ **HP**●https://www.notoaqua.jp

AQUARIUM DATA

01 あわしまマリンパーク

P078

沼津市の無人島「淡島」全体を利用した船で渡るレジャースポット。島の周りに生息する生き物たちを中心に紹介しています。ウニの展示に力を入れているのは日本でここだけかも。生きものとの距離がとにかく近い水族館です。

住所●静岡県沼津市内浦重寺186　**電話**●055-941-3126　**開館**●11～2月／10:00～16:30、3～10月／9:30～17:00（入館は閉館1時間半前まで）　**休み**●無休（天候により変動あり）　**料金**●小人無料～1000円、大人2000円ほか　**駅**●JR沼津駅から東海バス、マリンパーク下車すぐ　**HP**●http://www.marinepark.jp/

02 沼津港深海水族館 シーラカンス・ミュージアム

P082

日本初、深海生物をテーマにした水族館。日本一深い駿河湾で暮らすタカアシガニやアブラボウズの他、ダイオウグソムシやクマサカガイなど約200種が飼育展示され、謎多き深海世界を堪能できます。

住所●静岡県沼津市千本港町83　**電話**●055-954-0606　**開館**●10:00～18:00（入館は閉館30分前まで）　**休み**●無休　**料金**●小人無料～800円、大人1600円ほか　**駅**●JR東海道本線・御殿場線沼津駅から伊豆箱根バス、沼津港バス停下車徒歩2分　**HP**●http://www.numazu-deepsea.com

03 伊豆・三津シーパラダイス

P084

自然の入り江を利用して海の世界に入り込んだように楽しめます。サクラダイやタカアシガニなど、伊豆の川から駿河湾の深海で出会える様々な生き物に至近距離で対面。ユーモラスで迫力のあるショーも必見です。

住所●静岡県沼津市内浦長浜3-1　**電話**●055-943-2331　**開館**●9:00～17:00（入館は閉館1時間前まで）　**休み**●無休　**料金**●無料～2200円ほか　**駅**●JR伊豆箱根鉄道駿豆線伊豆長岡市駅から伊豆箱根バス、伊豆三津シーパラダイス下車すぐ　**HP**●https://www.mitosea.com

04 スマートアクアリウム静岡

P086

日常の忙しさから少し離れて一息つけるような水族館。百貨店の中にある誰もがアクセスしやすいのが魅力。44の小さな水槽に展示されたハリセンボンやウツボなど約100種類の生き物から、小さな命の輝きを感じます。

住所●静岡県静岡市葵区御幸町10-2 松坂屋静岡店本館7F　**電話**●050-3131-9211　**開館**●10:00～19:00（入館は閉館1時間前まで）　**休み**●1月1日　**料金**●無料～1400円ほか　**駅**●JR各線静岡駅から徒歩3分　**HP**●https://smartaqua-sz.jp

あわしま
マリンパーク
静岡県沼津市

ゴマフアザラシには耳たぶがありませんが、耳はいいといわれています。

ゴマの色がはっきりしていたルマンド。鼻のまわりを膨らませているのは、気になるものがあるしるし。

あっという間に成長して
パンッパンのもちもちに

ルマンド

ゴマフアザラシ

哺乳綱食肉目アザラシ科
2022年3月23日／♂

人

気が高いゴマフアザラシですが、赤ちゃんの愛らしさはひとしお。真っ白な体にぬれたような大きな目の赤ちゃんゴマには、心をわしづかみにされてしまいます。

アザラシの仲間には、臆病な性質をもつ個体が多いのですが、ルマンドはあまりものおじせず、好奇心が旺盛です。体を触られてもおかまいなし。自分から「さぁ、どうぞ」とばかりにあおむけになるため、飼育員さんも思わず笑いながら撫でまわしてしまうそう。

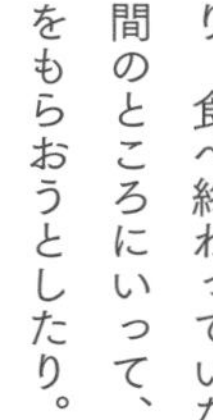

ちろん食べることも大好きで、好き嫌いせず与えられた魚を一心不乱に食べています。食事タイムが終了しても飼育員さんの後をついて回ったり、食べ終わっていない仲間のところにいって、残りをもらおうとしたり。積極的すぎるちゃっかりさんでもあります。

まだまだあどけなさは残るものの、体は急に大きくなって行動もより大胆になってきました。プールの横の高い壁に勢いをつけて飛び乗ろうとするなど、チャレンジ精神も旺盛です。

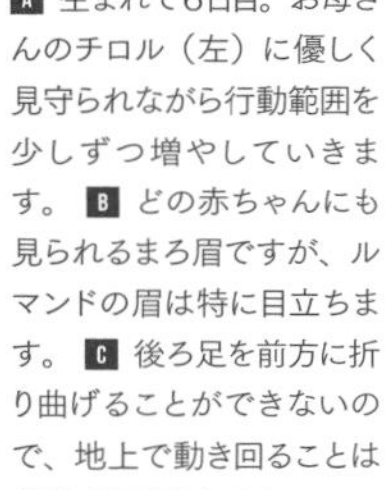

A 生まれて6日目。お母さんのチロル（左）に優しく見守られながら行動範囲を少しずつ増やしていきます。 B どの赤ちゃんにも見られるまろ眉ですが、ルマンドの眉は特に目立ちます。 C 後ろ足を前方に折り曲げることができないので、地上で動き回ることは得意ではありません。

白い毛にゴマがふいてくる時期。魚もモリモリ食べるようになり、驚くようなスピードで成長しました。

ルマンド DATA

性格｜好奇心旺盛でものおじしない
特技｜全身を撫でられること

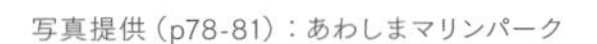

写真提供（p78-81）：あわしまマリンパーク

足の先端が傘状になった、ウニ界でも特殊な体。使い方は不明。

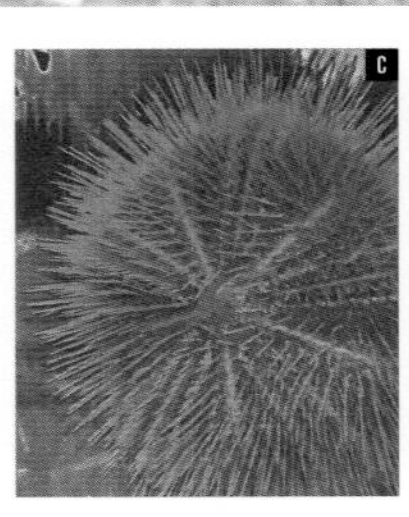

A 動きが少ないウニの水槽はスルーされがち。ウニ好きの飼育員さんは興味を持ってもらえるよう、解説板や照明にも工夫しています。とても珍しい生きものなので、 ぜひ注目を。 B 火・木の午前中がお食事タイム。動きが低速なので、食べるところをゆっくり観察できます。完全肉派でスローながら意外と獰猛です。 C 水槽に貼り付いている時は、裏側？を観察するチャンス。同館はウニ化計画を進行中。全国からウニを見に来るお客さん、定期的に観察しにくる子どもさんも。展示にも工夫がいっぱいです。

はっとするほど鮮やか がっちりつかんで食べます

カサアシガゼ

棘皮動物門ウニ綱カサアシガゼ目
カサアシガゼ科

国内での採集はおそらく2例目。とてもレアなため、種類が判明するまでに時間がかかりました。生態もわからず歯の様子を観察してエビや魚を与えたところ、水槽のガラス面に挟んで食べている様子を確認できたときはうれしかったそうです。肉食でアジやサバ、オキアミ、エビなどなんでも食べます。

深海から来たので水温は低め、ライトも暗く設定。底に敷く砂もできるだけ細かいものにして、生息地の環境に近づける工夫をしています。

冠羽がふさふさ

D

よもぎ

キタイワトビペンギン

鳥綱ペンギン目
ペンギン科
2016年4月22日／♀

高い場所が好きで、飼育員さんの膝の上や流木、高いところにある石の上など、両足ジャンプで移動します。

おねだりは水鉄砲で

C

—

サギフエ

硬骨魚綱トゲウオ目
サギフエ科

独特な口のギフエは水を飛ばすことが上手。食事の時に耳をすますと「カチカチ」という咀嚼音が聞こえてきます。

趣味は深海ウォーキング

B

—

キホウボウ

硬骨魚綱スズキ目
キホウボウ科

細い足のような腹ビレで、ヒョコヒョコと歩くように水槽の底を泳ぎます。エサには人工餌料を工夫しながら与えます。

水玉模様がおしゃれ

A

—

ステルツナーガエル

両生綱無尾目
ヒキガエル科

ちょっと臆病で木や葉っぱの陰に隠れていることが多い、毒を持つカエル。タイミングが良ければ鳴き声が聞けることも。

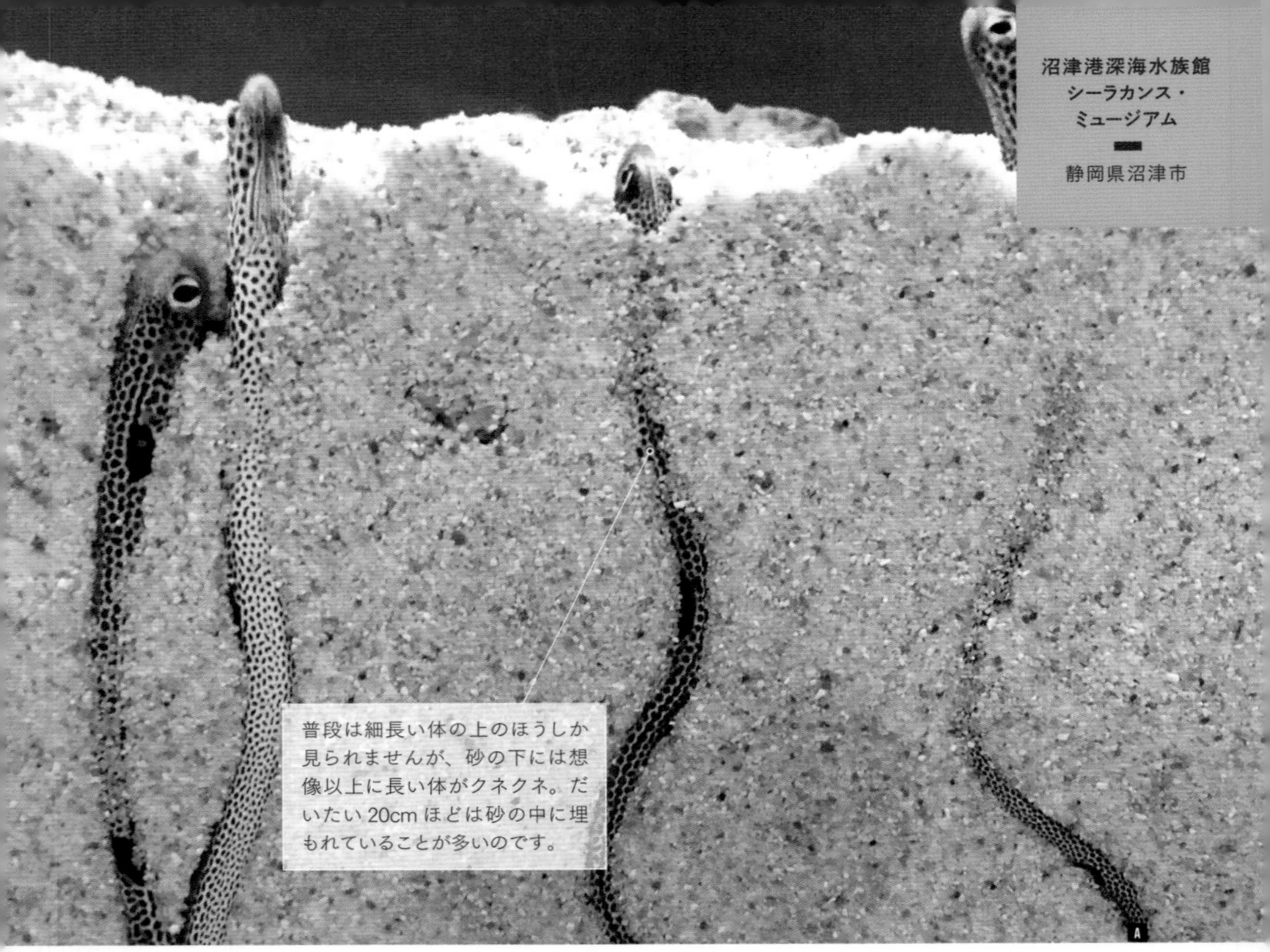

沼津港深海水族館
シーラカンス・
ミュージアム

静岡県沼津市

普段は細長い体の上のほうしか見られませんが、砂の下には想像以上に長い体がクネクネ。だいたい20cmほどは砂の中に埋もれていることが多いのです。

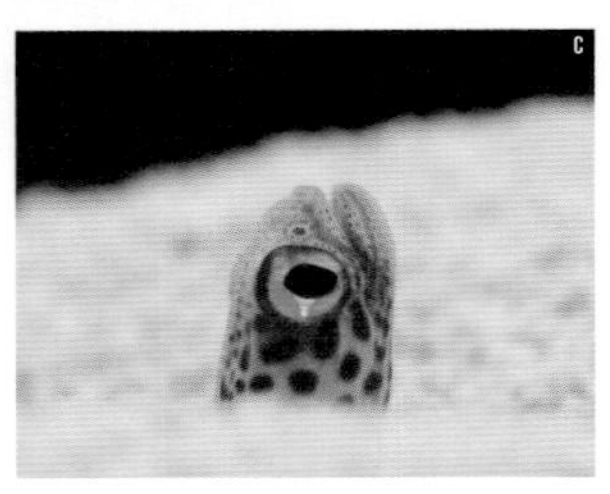

A 同館では時期によって砂の下まで観察可能な水槽での展示を行うことがあります。 B 子どもの頃は普通に泳いで過ごしますが、成長するとずっと穴の中。長く伸びるのはエサの取り合いや排泄のタイミングなど。 C 丸みを帯びた頭の形や大きな目がイヌのチンに似ていることが名前の由来と言われています。

同じ向きでユラユラ 穴は自分で掘ります

チンアナゴ

条鰭綱ウナギ目アナゴ科

全長30㎝ほどのうち、10㎝くらいを集団で砂から出し、下半身（?）は埋めたままで流れてくるプランクトンなどを食べています。穴から全身を出すことはめったになく、飼育員さんも全身を見ることはまれだとか。

穴は自ら掘ったもの。危険を感じると素早く全身を穴に隠します。巣穴から出るのは繁殖行動の際と、巣穴を変える時くらい。巣穴が近い場合、体を大きく出しているほうが強い個体であることが多いようです。

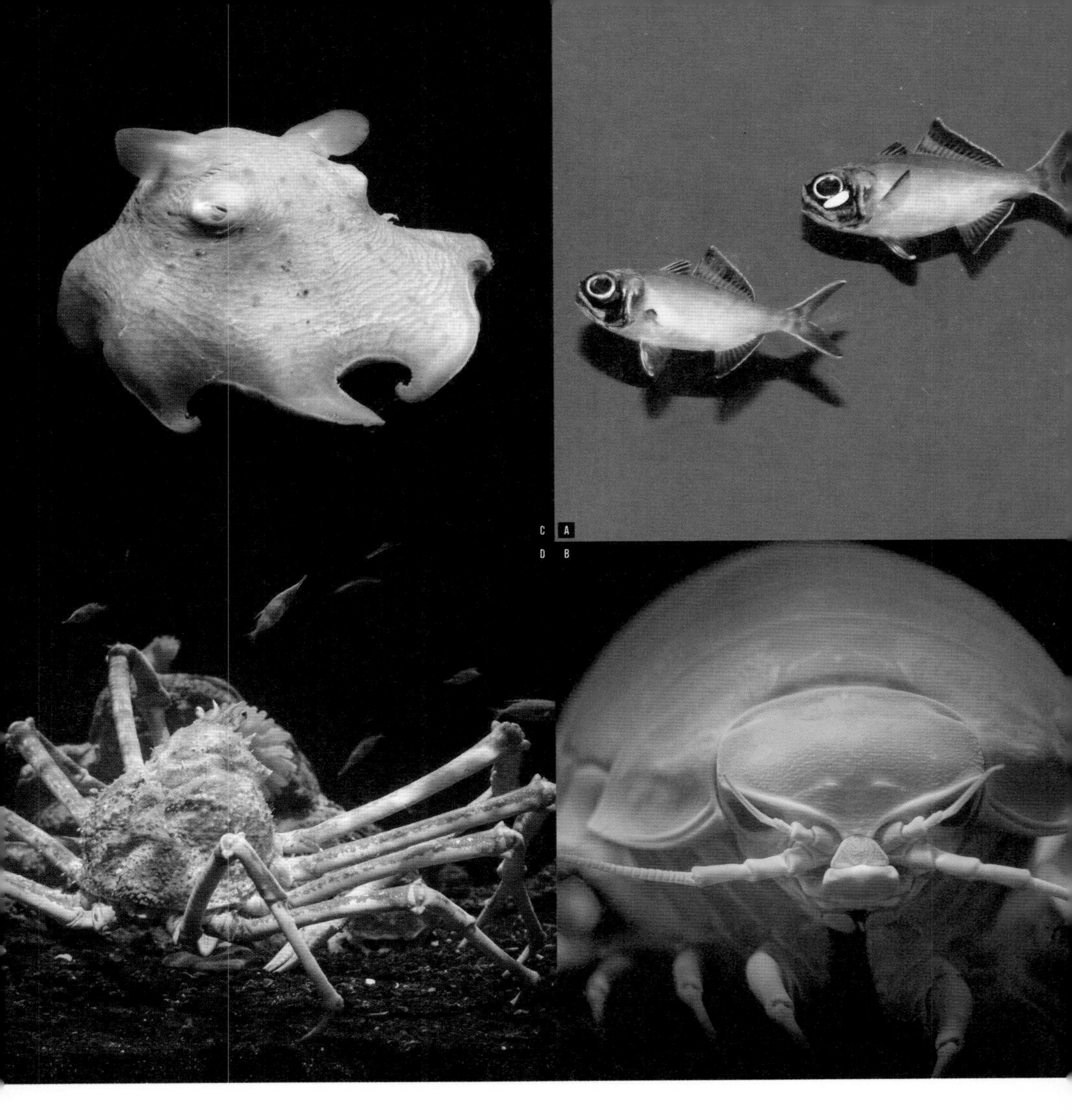

超強気です

D

—

タカアシガニ

軟甲綱十脚目
クモガニ科

2m超えで存在感抜群。雑食でおなかが空くと同じ水槽のサメに襲い掛かるので、エサはたっぷりと。

パラシュートのよう

C

—

メンダコ

頭足綱八腕形目
メンダコ科

繊細で飼育が難しいため、いつでも会えるとは限りません。あまり動かないので観察のチャンスは多め。

背泳ぎが得意

B

—

ダイオウグソクムシ

軟甲綱等脚目
スナホリムシ科

ふだんは足を使ったスローな移動ですが背泳ぎも。りりしい目と、完全には丸まれないところがポイント。

目の下に発光器が

A

—

ヒカリキンメダイ

条鰭綱ヒカリ目
キンメダイ科

光を放つ深海魚は海中イルミネーションのよう。同館ではサクラエビを与えて発光を保っています。

写真提供（p82-83）：沼津港深海水族館

伊豆・三津
シーパラダイス

静岡県沼津市

前足をうまく使って早く泳いだり陸上を移動したり。表情が豊かでパフォーマンスも得意な水族館の人気者。

A カリフォルニアアシカは人なつっこくコミカルな動きで楽しませてくれます。夕方、浮台の上でみんなで寄り添って寝ている姿にほっこりさせられます。**B** キタオットセイの赤ちゃんはメェメェ鳴きます。大人になると水面に浮いて休んでいることが多く、ラッコと間違えられることも。エサの時間には豪快にエサを食べる姿を見ることができます。**C** ずんぐりと体つきで愛嬌たっぷりのゴマフアザラシ。砂浜で昼寝をしている姿に癒されます。3月頃には全身真っ白な毛で覆われた赤ちゃんの姿を見ることもあります。赤ちゃんが白い毛に覆われているのは2〜3週間だけ。出会えたらラッキーです。

自然のプールでじゃれたりゴロゴロしたり

自然飼育場の生きものたち

駿

河湾の一部を仕切った広々としたプールで、カリフォルニアアシカ、ゴマフアザラシ、キタオットセイたちが暮らしています。自然のプールなので潮の満ち引きや天候、季節の変化も多彩。

広い砂浜でゴロゴロ昼寝をしていたり、浮台でじゃれ合う姿、野生の魚やいろいろな生物を、元気いっぱい追いかけている様子を見ることもできます。もちろん、かわいらしい赤ちゃんや、一生懸命子育てをする様子に出会えることも。

一糸乱れぬ優雅な群泳

D

—

マアジ

条鰭綱スズキ目
アジ科

食用イメージが強いけれど、泳ぐ姿を見ると黄色い尾ビレと、まんまるの瞳がかわいい。群泳の迫力は圧巻です。

世界最大級の長い足

C

—

タカアシガニ

軟甲綱十脚目
クモガニ科

カニといえば横歩きですが、長い足で前後にも素早く歩けます。オスのハサミは６本の足より長くなります。

歩いてエサを探す深海魚

B

—

キホウボウ

条鰭綱スズキ目
キホウボウ科

胸ビレの一部を足のように動かして歩いて移動します。体は硬い骨板で覆われ、他の生物から身を守るのが得意。

桜散る花びらのよう

A

—

サクラダイ

条鰭綱スズキ目
ハタ科

すべてメスで生まれ、成長につれて一部オスに。オスはメスのオレンジ色から深紅に変化し、白斑点が浮かびます。

写真提供（p84-85）：伊豆・三津シーパラダイス

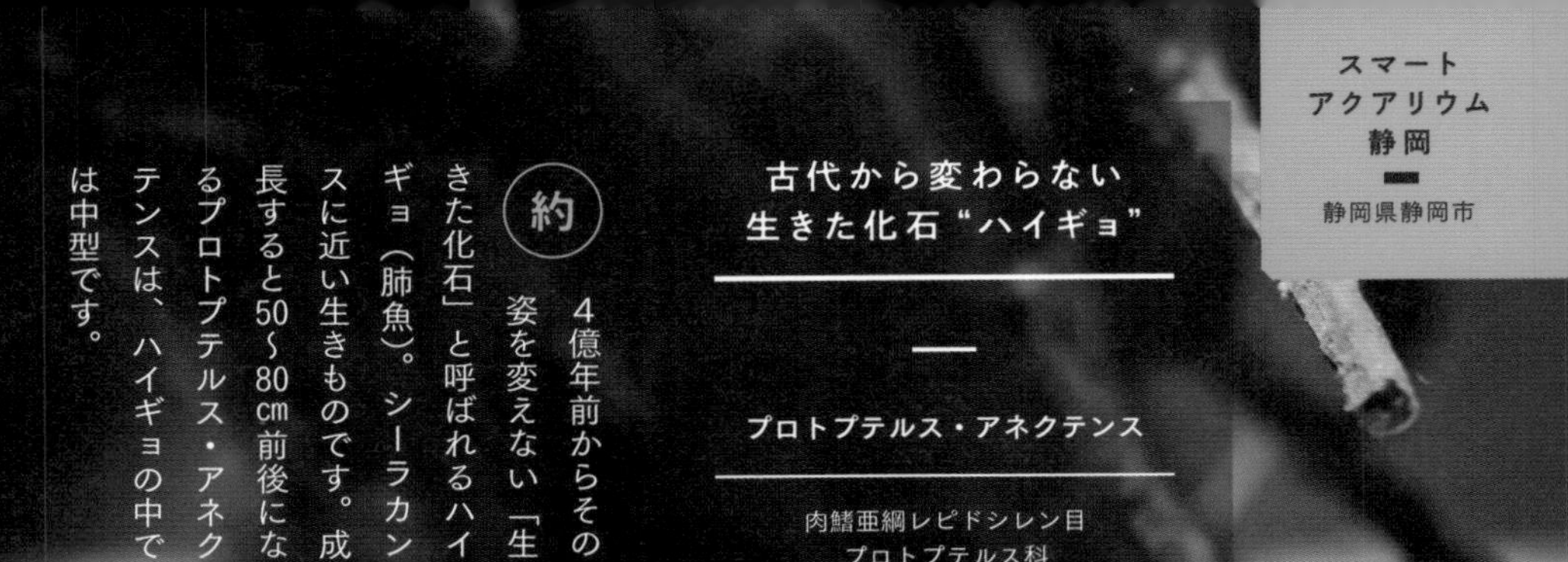

古代から変わらない生きた化石“ハイギョ”

プロトプテルス・アネクテンス

肉鰭亜綱レピドシレン目
プロトプテルス科

約4億年前からその姿を変えない「生きた化石」と呼ばれるハイギョ（肺魚）。シーラカンスに近い生きものです。成長すると50～80㎝前後になるプロトプテルス・アネクテンスは、ハイギョの中では中型です。

ハイギョという名の通り肺呼吸をするため、空気を吸わないとおぼれてしまいます。20分に1度くらいの間隔で空気を吸いに水面に上がっていきますが、息継ぎをする直前は息が苦しいためか、モゾモゾと落ち着きがありません。

つぶらな瞳が愛らしくユーモラス。ゆったり泳ぐ姿を見ていると落ち着いた気分に。

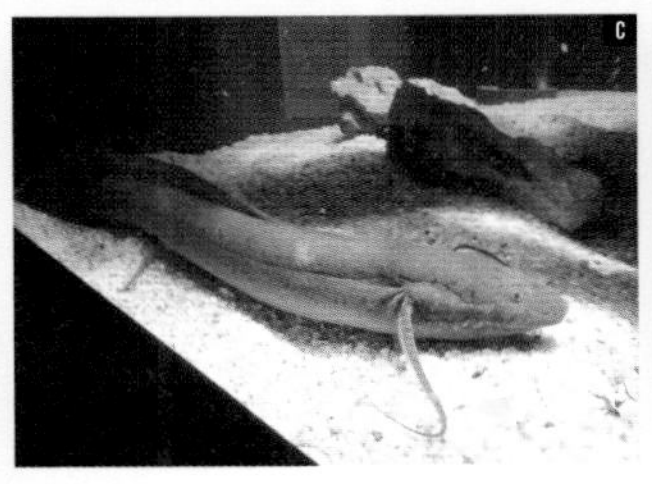

A のんびりした動きとポカンとした口がかわいさのモト。 B 長く太い体とぷっくりした顔は、ついつい見入ってしまう魅力があります。 C 水が干上がる厳しい環境を生き抜くために身につけた生態から、古代から変わらぬ姿で生き抜いたたくましさがうかがえます。 D 生息地は北部を除くアフリカ大陸の広い範囲。甲殻類や貝類といったエサを見つけると、ふだんとはうってかわった素早さで捕食します。

動きはのんびり。見た目はちょっと不気味といわれたり、愛らしいといわれたりします。

特徴的なのはエサの食べ方。多くの魚はエサを丸飲みするのが普通ですが、プロトプテルス・アネクテンスはエサをよくかみます。口の中でかむだけではなく、かみつぶしたエサを口から一度出してから、一気に吸い込むという独特な食べ方。これは巻貝などの固いものを噛みつぶして食べるための習性です。味わうようにクチャクチャと口の中でエサをかみつぶしている様子は、おもしろかわいいとファンを集めています。

DATA

性格｜のんびり
特技｜固いエサも噛みつぶす、かくれんぼ
好物｜アジ、エビの切り身

写真提供（p86-89）：スマートアクアリウム静岡

人が気になるようで、慣れた飼育員さんでもお客さんでも、近づく人に分け隔てなくついてまわります。

青く神秘的に輝く大きな瞳のフグ

ハリセンボン

条鰭綱フグ目
ハリセンボン科

人に慣れる魚でこわがらずに寄ってきてくれます。エサの時間には水面に寄ってきて、水を口から吹いてエサをねだってきます。大きく膨らむのが特徴ですが、よほどのピンチの時だけ。膨らんだ姿を見られるのはレアです。

エビと仲良しおっとりウツボ

トラウツボ

条鰭綱ウナギ目
ウツボ科

まんまるな目に細長いシャープな顔をしたウツボです。頭にあるツノのような突起は、実は長く伸びた鼻の穴。じっとしていることが多いですが、エサが目に入るとものすごい勢いで飛びついて丸飲みにします。

同居しているアカスジモエビが体をクリーニングしてくれます。体の隅々を動き回られても気にも留めません。

オシャレなツートンカラー

D

ブラックゴースト

デンキウナギ目
アプテロノートゥス科

目がほとんど見えないかわりに弱い電気を発してエサの位置や障害物を感じる不思議な力を持ちます。

恐竜を知る古代魚

C

ポリプテルスデルヘジィ

ポリプテルス目
ポリプテルス科

恐竜の時代から生息し、浮き袋で空気呼吸をすることも。細長い体に菱形の硬い背ビレがびっしり。

性転換も自由自在？

B

クマノミ

条鰭綱スズキ目
スズメダイ科

サンゴ礁でメス１匹に複数のオスのハーレムを作ります。メスがいないとオスがメスに変わることも。

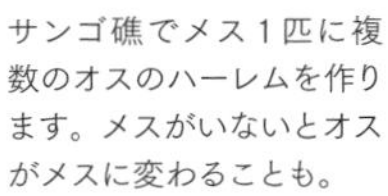

驚きの鮮やかブルー

A

コバルトヤドクガエル

両生綱無尾目
ヤドクガエル科

二度見してしまうほど派手なブルーで、動きもカクカク気味。長い舌を伸ばして器用にエサを食べます。

知能が高く感情が豊か
遊びも自分で考案しちゃう

リン

シャチ

哺乳綱鯨偶蹄目マイルカ科
2012年11月13日／♀

海の王者シャチの知名度は高いけれど、国内では2館に7頭が飼育されているだけ。同館にはリンとお母さんのステラ、リンの甥にあたるアースの3頭がいます。

平日2回、土・日・祝日3回の公開トレーニングは大人気。プールの中を悠然と泳ぎ、跳び、岸に押し寄せるシャチたちはイキイキしています。健康管理や頭と心の運動を兼ねたトレーニングも、シャチにとっては遊びとごはんを兼ねたワクワクの時間なのです。

知

能が高いシャチですが、リンは特に遊び方が多彩。トレーナーさんとの追いかけっこやかくれんぼ、おもちゃを沈めたり投げたり乗っかったり、他の2頭も交えバリエーション豊富に遊びまくります。遊び中に人の側に来る時は、おもちゃをとられないよう、しっかりキープして近寄ってくるのだとか。

イルカのパフォーマンスをゲート越しに見学したり、トレーナーさんのバケツに舌で氷を飛ばしてきたりと、ユニークな行動が多くて目が離せません。

A プールの周辺にはシャチの生息地として有名なアイスランドで多く見られる、柱状節理という自然の造形を再現。悠然と泳ぐ姿は迫力いっぱい。 B トレーナーさんとのスキンシップも大好き。食べかけの魚をプレゼントすることもあります。 C 3頭揃ってトレーニングを行うのはとっても稀。見られたら超ラッキーです。 D 水槽越しのお客さんに近寄り、注目されるとうれしそう。

リン DATA

性格｜天真爛漫
特技｜遊びを考えること
好物｜ホッケ、サバ、ニシン、氷

写真提供（p90-93）：名古屋港水族館
撮影：土肥祐治

体の表面にある櫛板（くしいた）と呼ばれる細い毛の束を動かし泳ぐカブトクラゲ。櫛板に光が反射すると虹色に輝いて見えて、とてもきれいです。

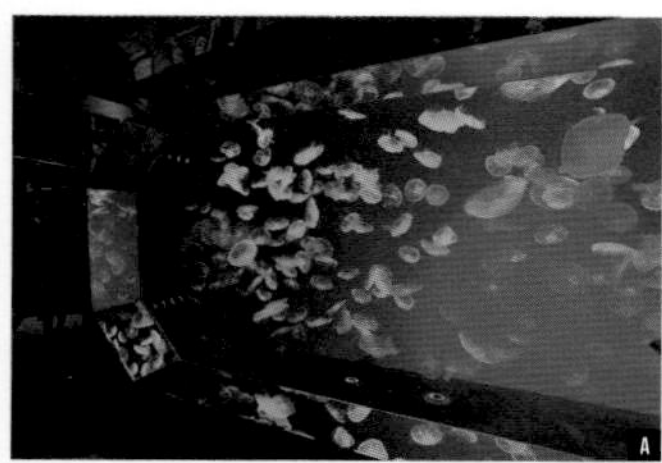

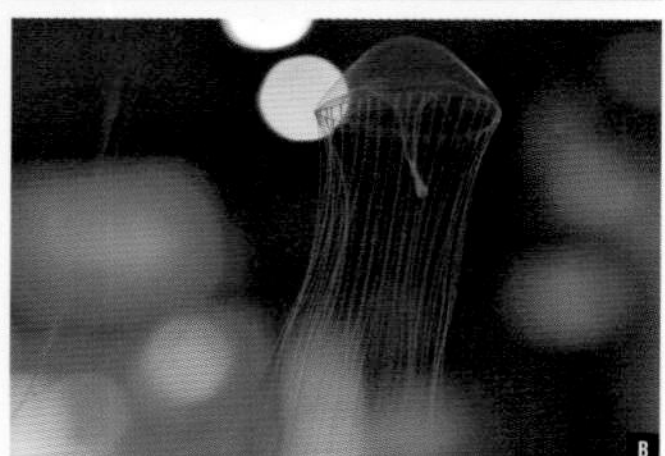

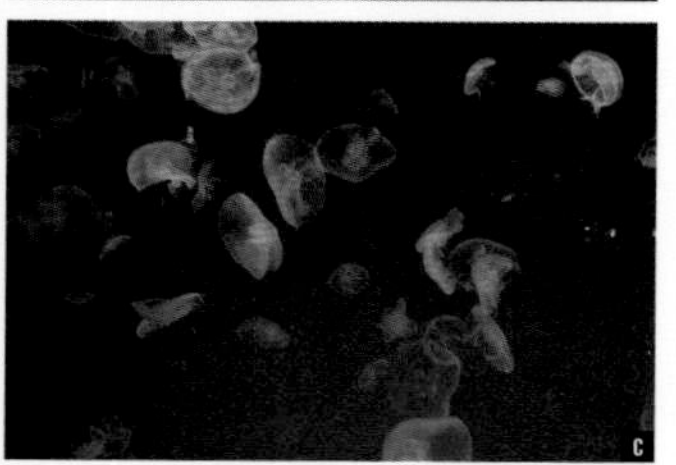

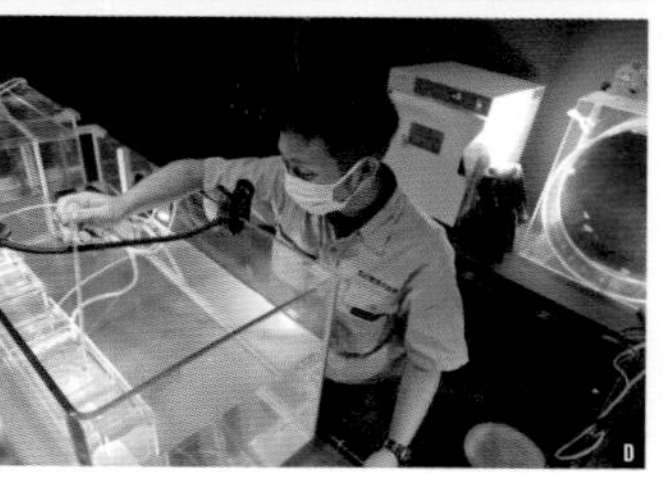

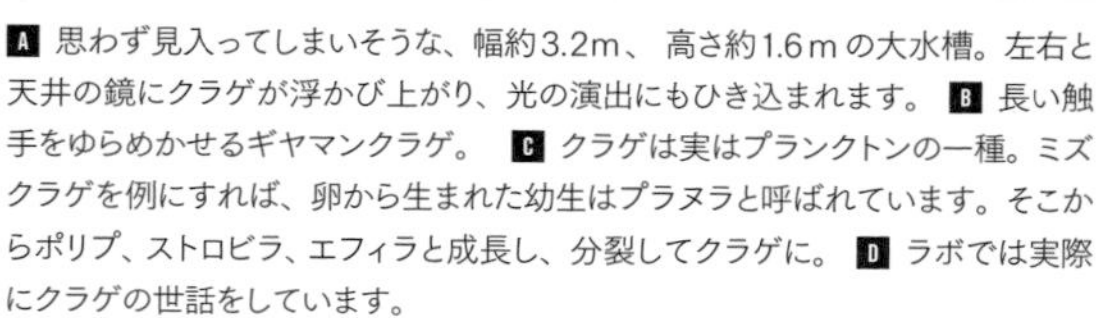

A 思わず見入ってしまいそうな、幅約3.2m、 高さ約1.6mの大水槽。左右と天井の鏡にクラゲが浮かび上がり、光の演出にもひき込まれます。 B 長い触手をゆらめかせるギヤマンクラゲ。 C クラゲは実はプランクトンの一種。ミズクラゲを例にすれば、卵から生まれた幼生はプラヌラと呼ばれています。そこからポリプ、ストロビラ、エフィラと成長し、分裂してクラゲに。 D ラボでは実際にクラゲの世話をしています。

500点ものクラゲがユラユラ 幻想的な世界に癒やされる

約11種のクラゲ

鏡や照明を利用した演出でクラゲの美しさを魅力的に表現する「くらげなごりうむ」。約11種類、500点のクラゲに囲まれます。展示されているクラゲたちのほとんどは、同館の近海で採取されたり、館内で繁殖したもの。季節によって展示が変わるので、何度も足を運びたくなります。

併設の「クラゲラボコーナー」では、クラゲの育成過程が紹介されています。不思議に満ちたクラゲの生態を学んでみましょう。

35000匹の竜巻

D

—

マイワシ

硬骨魚綱ニシン目
ニシン科

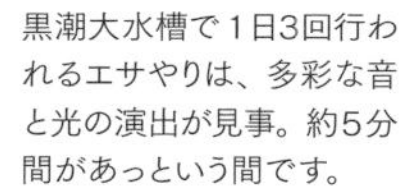

黒潮大水槽で1日3回行われるエサやりは、多彩な音と光の演出が見事。約5分間があっという間です。

国内で会えるのは2館

C

—

エンペラーペンギン

鳥綱ペンギン目
ペンギン科

顔の横の黄色い模様が特徴的。性格はとても温厚であまり動きませんが、エサの時間は一変して活発に。

赤ちゃん誕生の年も

B

—

アカウミガメ

爬虫綱カメ目
ウミガメ科

館内で繁殖に成功しています。専用の水槽で生まれた子ガメの成長を観察できるので何度も通うお客さんも。

生きているサンゴ

A

—

様々なサンゴ

—

約20種250点のサンゴを展示。よく観察するとサンゴの本体ともいえる小さなポリプを動かしています。

角ばった体には背中の部分に目立つとげが、体の横の部分を走るラインの上にも小さなとげのようなものが配置されています。

深海で暮らす 丈夫なフグ

イトマキフグ

条鰭綱フグ目イトマキフグ科

六

角形の体の形から糸巻きに似ているということで名付けられました。本州から九州や東シナ海にかけて、水深100〜200mに生息しています。体は小さく15㎝未満が一般的。水族館にはなかなかいない魚で、捕獲されると飼育員さんはうれしいそう。

深海魚らしく硬い骨のような甲羅のようなもので覆われていて、おかげでとても丈夫。ただし性格は臆病で、エサの時間にフタを開ける時も注意してそっと開けています。

フグとはいってもはないというのが通説。黄色い体に小さな黒っぽいはんてんがたくさんある、おしゃれな水玉模様。深海の生きものの習性で暗いところが落ち着くよう。展示では見やすいように、暗すぎず明るすぎずという環境を保っていますが、暗い部分ができるとそこに集まってしまいます。

オキアミのようなエサの小エビはよく食べ、小さな口を一生懸命動かす様子を見せてくれますが、とにかく驚かせないように注意。静かに観察しましょう。

A 全体的にカクカクした形。小さな口で小さな小さなエビをかじる食事風景に健気さを感じます。B 体の横のひれに比べて尾ビレは小さめ。ふだんはのんびり泳いでいますが、スピードを出す時はヒレの動きが高速に。C 明るめのところで見られるチャンスがあると、体の色や模様の美しさが際立ちます。

正面から見ると鬼のツノのようにも、頭巾をかぶっているようにも見えます。

シュガー DATA

性格｜臆病
特技｜体が頑丈
好物｜極小エビ

写真提供（p94-97）：竹島水族館

エサを求めて あちこちフラフラ

セイタカカワリギンチャク

花虫綱イソギンチャク目
ヤツバカワリギンチャク科

ほのかに光を放つような美しい蛍光色。ピンクやグリーンの配色に自然界の多様さを感じます。

植物みたいだけれどイソギンチャクです。岩にくっついているかと思えば、次に見た時は別の場所へ。エサが流れてくるポイントを探しているものと思われます。見分けが難しいイソギンチャクの仲間は体中のヒダで調査します。

セットで生きる新種が登場

アシボソシンカイヤドカリ & ヤドカリスナギンチャク

軟甲綱十脚目オキヤドカリ科
花虫綱スナギンチャク目
ヤドリスナギンチャク科

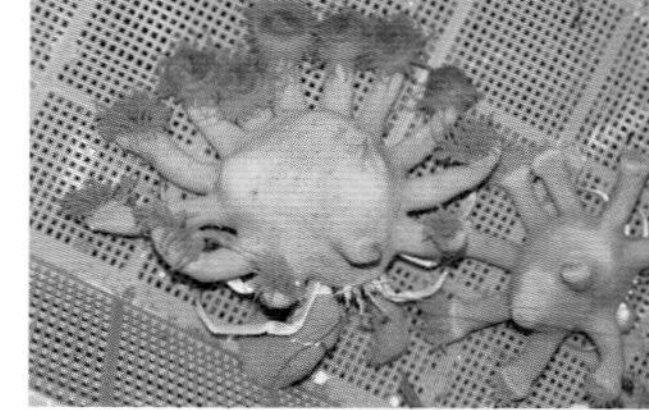

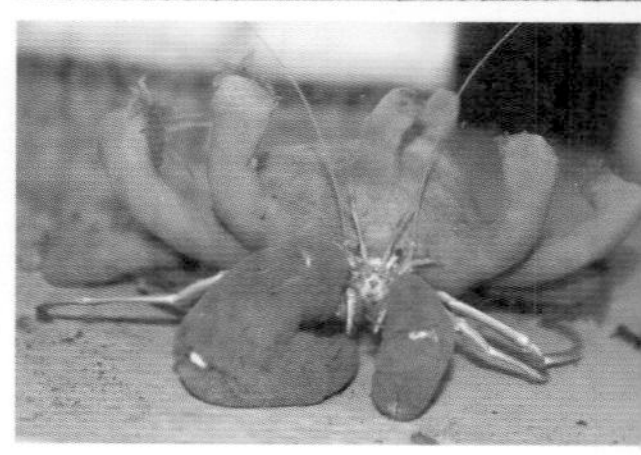

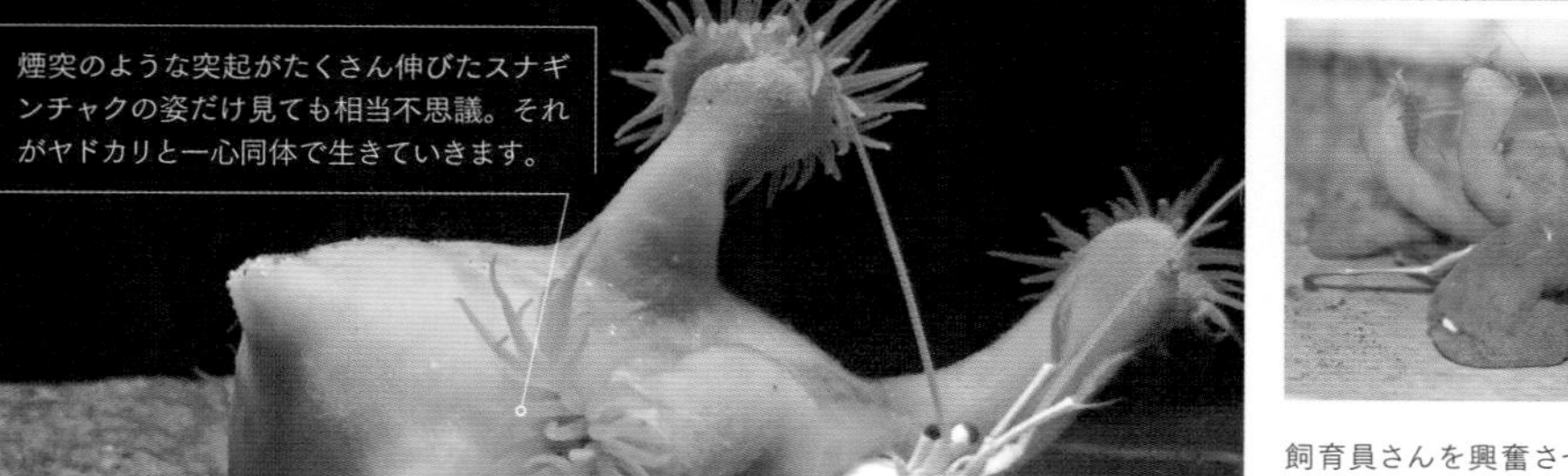

煙突のような突起がたくさん伸びたスナギンチャクの姿だけ見ても相当不思議。それがヤドカリと一心同体で生きていきます。

飼育員さんを興奮させた変な姿。これはヤドカリと、ヤドカリが背負う貝殻にくっついたスナギンチャクです。後から新種とわかったスナギンチャクは貝殻を溶かしながら徐々に成長。ヤドカリは成長に合わせて新しい貝殻を探す必要がありません。

カニなんです

D

—

ツノハリセンボン

甲殻綱十脚目
クモガニ科

   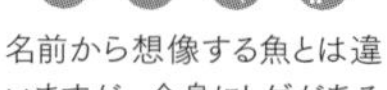

名前から想像する魚とは違いますが、全身にトゲがあるのは同じ。じっとしているので、トゲトゲ姿を観察してみて。

いつもは陸、時々水中

C

—

シリケンイモリ

両生綱有尾目
イモリ科イモリ属

体の金箔模様が印象的。動きはのんびり。エサは1匹ずつ与えますが、時々食べるのを失敗するドジな面も。

食べ過ぎ注意!

B

—

キンシサンゴ

花虫綱イシサンゴ目
センスガイ科

おなかが空くと風船のように膨らむのでわかりやすいけれど、食べ過ぎると具合が悪くなるので管理が大変。

メスが必ず上

A

—

カガミモチウニ

ウニ綱カマロドント目
アバタサンショウウニ科

深海の沈んだ木にくっついている直径2cmほどの小さなウニ。名前の由来はオスの上にメスが乗る習性から。

大きな口でおねだりは
エサじゃなくてタッチ

カイリ

ハンドウイルカ

哺乳綱偶蹄目マイルカ科
2000年4月25日／♂

好

奇心旺盛なハンドウイルカは、自然界では海藻などを器用に胸ビレに引っ掛けて遊ぶことがあります。そんな遊び心を十分発揮できるよう、同園ではフロートをロープでつないだものをおもちゃとしてプールに浮かべています。

特に遊び好きなカイリは、トレーナーさんに口の中を触ってもらうのが大好きで、プールの近くを通ると大さわぎ。鳴き声を出したり胸ビレを振ったり、尾ビレで水をかけてきたりの全力アピールが続きます。

写真提供（p98-101）：南知多ビーチランド

お客さんの注目も集めたくて、驚くほど近くに寄ったりじっと見つめたり。あの手この手でかまってほしがります。そんなアクティブなカイリですから、ショーでは大迫力のパフォーマンスを繰り広げます。カイリの得意技はフロントフリップ（前転）。チーム1の瞬発力で圧巻の3回転もキメてきます。

カイリのお父さんリオスと、カイリの息子ロクマルが加わり、親子3代が同時に出演することもあり、国内でも珍しい3世代ショーとして話題です。

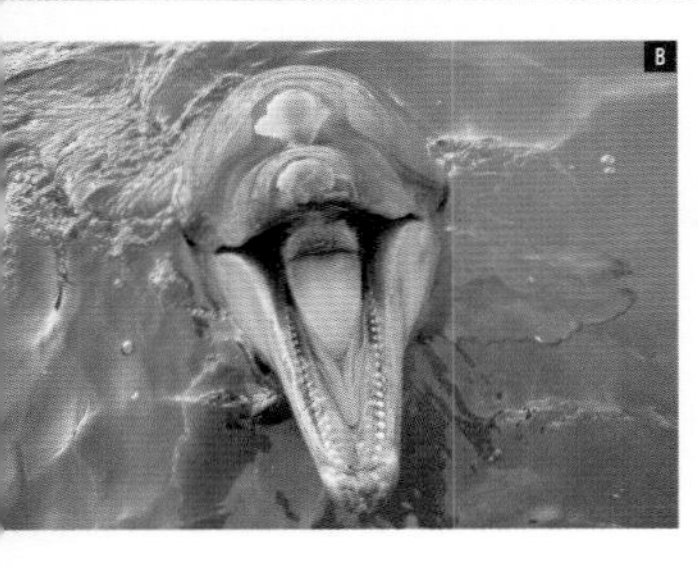

A 1歳になる前の若いカイリ。人が大好きなのは小さい時から変わりません。
B ハンドウイルカの歯は上下合わせて80本程度。食べものは丸飲みするので、すりつぶすための歯ではなく、獲物をとらえて逃がさないための歯です。

遊びならなんでも大好き。ボールを投げれば喜んでもってきます。口の中を触ってあげるとさらに大喜び。

実はこれ葉っぱをヒゲに引っ掛けて遊んでいるところ。左下のヒゲの葉っぱ、見えますか？　掃除用のホースを追いかけて遊ぶのもお気に入りです。

A 体の斑点模様がはっきりしているところは、お母さんのナルによく似ています。体の右側にはハート型の模様があります。 B 寝るのが大好きで、どこでもすぐに熟睡するヒカリ。陸上ではこんなふうにペロンと伸びています。 C 生後9日目のヒカリ。まだ白っぽい毛に覆われており、ゴマのような斑点は見えません。

眠れるプールの美アザラシ？

ヒカリ

ゴマフアザラシ

哺乳綱食肉目アザラシ科
2022年3月23日／♀

子どもながらどっしりと肝のすわった性格で、生後間もない頃から、他のアザラシたちにおびえることなく過ごしていました。最初はびくびく見ていたカメラにも、今ではかけ寄ってくるほどです。

ヒカリは寝るのが大好き。お客さんにびっくりされるのが、水中でも寝ていること。プールにぷかぷか浮いていると、ヒカリがいることに気づかないお客さんも多いといいます。水流で少しずつ流れていく様子はちょっぴりコミカルです。

笑顔は練習中です

D

ハヤト

カリフォルニアアシカ

哺乳綱食肉目
アシカ科
2001年7月14日／♂

新人トレーナーにとことん付き合ってくれる大ベテランですが、スマイルがひきつり顔に……。

ビビりって僕のこと？

C

カシワ

コツメカワウソ

哺乳綱食肉目
イタチ科
2014年7月16日／♂

他の子のエサを横取りするくらい食いしんぼう。エサの時間は元気いっぱいでも、実は意外とビビりかも。

威嚇するけど効果は？

B

—

トビハゼ

条鰭綱スズキ目
ハゼ科

大きな胸ビレや尾ビレを使って跳びます。練習をして人の手の上でエサを食べるようになりました。

海の名スナイパー

A

—

テッポウウオ

硬骨魚綱スズキ目
テッポウウオ科

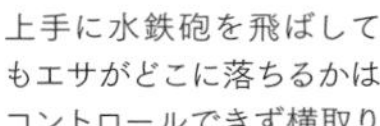

上手に水鉄砲を飛ばしてもエサがどこに落ちるかはコントロールできず横取りされてしまうことも。

大きな口ですが、歯は退化していて口を開けても目立ちません。海水ごとエサを飲み込み、エラの奥でエサだけこしとって食べます。

のとじま水族館

石川県七尾市

大きくなったら海に帰る

ハチベエ & ハク

ジンベエザメ

軟骨魚綱テンジクザメ目
ジンベエザメ科
ハチベエ▶ — ／♂　ハク▶ — ／♀

大きな体で、サメと聞くとこわい印象を抱きがちですが、背側の白い水玉模様と、愛くるしい丸みを帯びた頭部は、どこかホッとさせてくれます。とてもおとなしくて獰猛な行動はありません。主食は魚よりはプランクトンが多く、オキアミやキビナゴを大きな口を開けて飲み込みます。

エサを与えるとあっという間に完食する食いしんぼうが多く、ふだんはゆうゆうと泳ぎますが、エサの前後はアクティブに動き回ります。

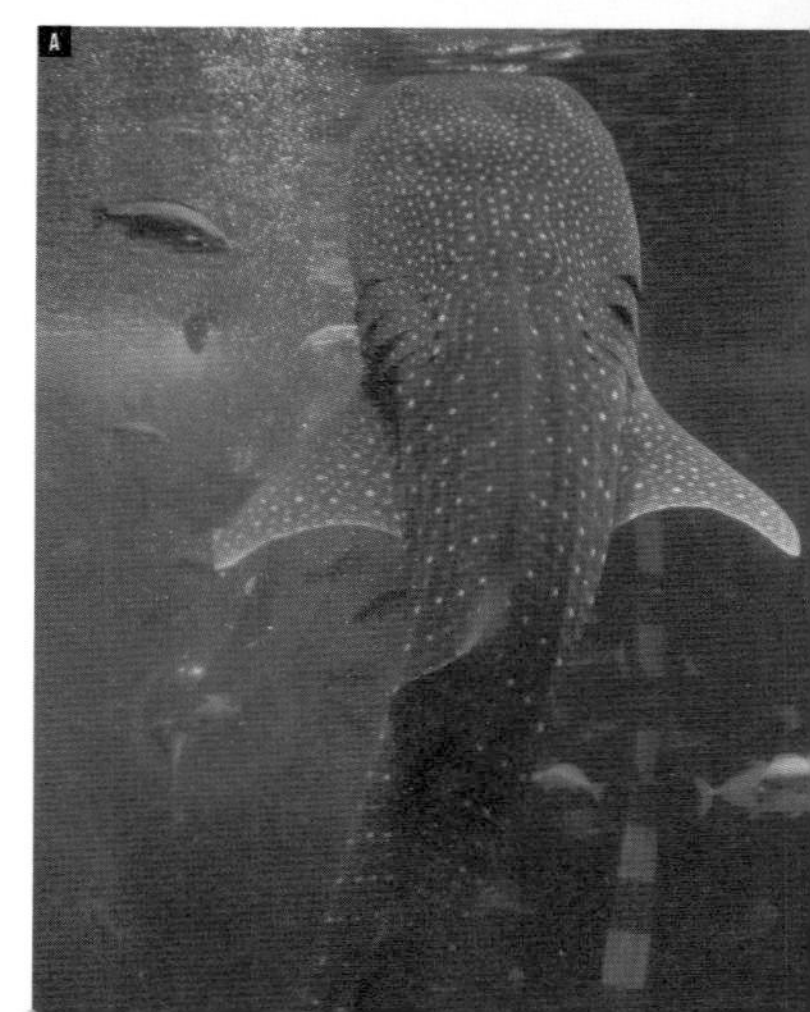
A

日本海側でジンベエザメを飼育する施設は同館のみ。毎日11時と16時の餌付け時には、迫力満点の食事シーンが目の前で繰り広げられます。水槽は横からだけでなく、様々な角度から眺められるのがうれしい。1頭ごとに泳ぐ姿も圧倒的ですが、2頭が並んで回遊する光景は感動的な美しさと迫力でお客さんを喜ばせています。

同館のジンベエザメは近海で漁の網に迷い込んだ個体など。同館で保護して、大きくなったら海に返すことを繰り返しています。

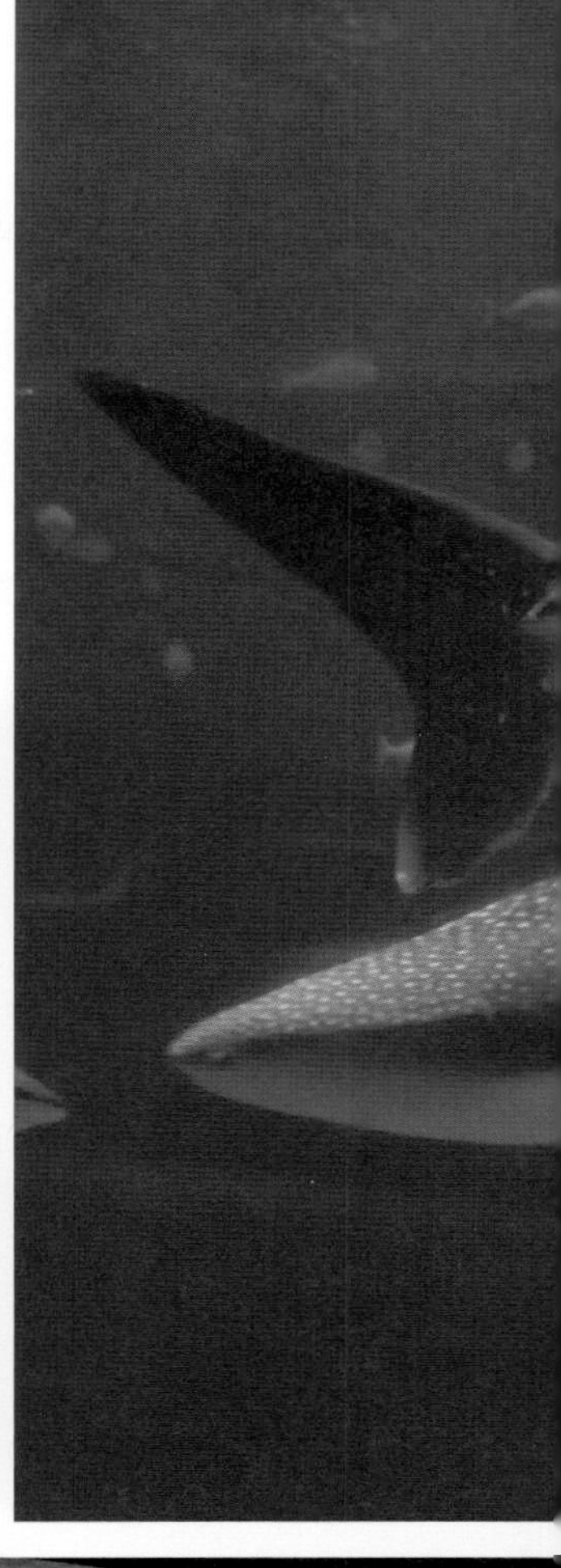

A 立ち泳ぎも迫力満点。立ったままエサを食べる器用な個体もいました。 B 大きな頭と真っ白なおなか。こんなに大きくても優しい印象のフォルムです。 C 「小さな魚が食べられちゃうのでは」と心配するお客さんも。大丈夫。穏やかな性格のジンベエザメは、他の魚たちとも平和に共存しています。 D ライトに照らされて浮かび上がる姿は神々しいほど。背中の模様が鮮やかに映えます。

ハチベエ & ハク
DATA

性格	食いしんぼう、穏やか
特技	立ち泳ぎ
好物	オキアミ（ナンキョクオキアミ）、イサザアミ（ツノナシオキアミ）、シラス、キビナゴ、サクラエビ

写真提供（p102-105）：のとじま水族館

食事をすると緑色に

D

コノハミドリガイ

軟体動物門
腹足綱

小さめなウミウシ。葉緑素が減ると白っぽくなり、海藻を食べると緑になるので腹具合がわかりやすい？

ダイバーのアイドル

C

シロウミウシ

軟体動物門
腹足綱

仲間の多いウミウシには白っぽい種類もたくさん。海中で目をひく白いウミウシはダイバーにも人気。

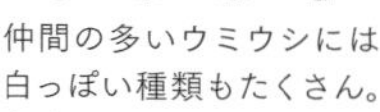

日本一の有名ウミウシ

B

アオウミウシ

軟体動物門
腹足綱

全国の海で見ることができるポピュラーなウミウシ。鮮やかな体色になめらかな体が特徴です。

うねうねの海の宝石

A

ヒカリウミウシ

軟体動物門
腹足綱

一生を通して好むエサしか食べない偏食家が多いウミウシ。大好物には一目散に群がって食べる姿も。

黄色いラインで見分けて

H

—

ブリ

硬骨魚綱スズキ目
アジ科

週3回ほどの夕方（閉館前）のエサやりでは、猛スピードで泳ぎ回る群れの迫力を味わえます。

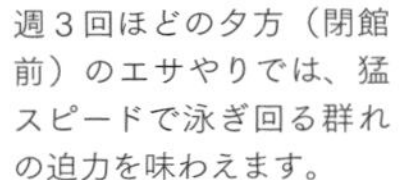

おとぼけ顔で整列

G

—

ユメカサゴ

硬骨魚綱スズキ目
メバル科

手のひらみたいな胸ビレが特徴的。早食い達人ですが、エサに夢中で頭をぶつけるドジな一面も。

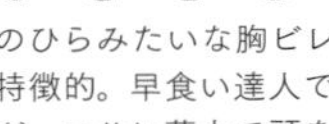

眠そうでも素早い動き

F

—

コウイカ

頭足綱コウイカ目
コウイカ科

秋から春先まで会えるコウイカ。小さな物音でも驚いて次々にスミを吐き水槽が真っ黒に。写真は幼体。

つぶらな瞳がキュート

E

グリム

カマイルカ

哺乳綱鯨偶蹄目
マイルカ科
推定27歳／♂

気が向いた時だけ近づいてくる臆病なグリム。ショーでは常に仲間をリードする大ベテランです。

魚の神秘を深掘り

可能性に満ちた水族館

column

『幼魚水族館』

（ようぎょすいぞくかん）

世界で初めて、幼魚だけを集めた水族館が2022年7月にオープン。海の生きものに魅せられた人々の情熱によって実現した、小さな、けれど無限の世界を感じる水族館を紹介します。

稚魚という言葉には馴染みがあるかと思いますが、幼魚という言葉はあまり耳慣れないのではないでしょうか。人間でいえば幼児である稚魚に対し、幼稚園児から小学生くらいに相当する魚を指します。

そんな幼魚を集めた水族館には、60個ほどの水槽に100種、150匹ほどの幼魚が展示されています。館長は「令和のお魚王子」「岸壁幼魚採集家」こと、鈴木香里武（かりぶ）さん。広報スタッフを名乗る石垣幸二さんは「海の手配師」と呼ばれ、水族館、研究室、テレビや映画などで必要とされる水中の生きものを幅広く手配する海や水中生物の専門家です。

魚の中でも特に幼魚にスポットを当てた理由は、水族館を訪れるとわかります。小さくて愛らしい。必死に泳ぐ姿が健気。大人とはまったく違う姿がユニーク。そういったことだけではありません。展示自体が幼魚の魅力はもちろん、幼魚愛にあふれる水族館のコンセプトを明確に物語っています。

最初の展示は「漁港再現コーナー」。海というと大自然ばかり想像しがちですが、とても身近で、しかも海の神秘が凝縮している場が漁港なのだとか。水槽に再現された漁港には、網やロープ、そしてペットボトルなどのゴミもあります。そのすべてが幼魚たちと一緒に、漁港で拾ってきたままの本物。

ただ汚いとか、環境問題を語るものという意味でそこにあるのではありません。漁港の現実を見せると同時に、幼魚をはじめとする生きものたちが共存する場の事実を知るための展示です。ゴミを利用して幼魚が身を隠したり、ゴミを住処にしたりする生きものもいる。そんなたくましい姿を見てほしいという想いがあります。

上手に擬態する幼魚、身を守るために様々な武器や攻撃法を駆使する危険な幼魚、館長の選ぶ今のアイドル、幼魚と成魚を見比べられるコーナー他、驚きや感動でワクワク、ドキドキする展示が続きます。

めったに見ることのできない深海魚も幼魚のうちは漁港や浅瀬で暮らしていることがわかったり、この水族館でふ化したことで初めて明らかになった成長過程の姿や生態があったり。今後、この水族館からたくさんの発見があることが期待され、すでに世界中の研究者や魚好きの人々からの注目を集めています。

幼魚の魅力はもちろん、海の生きものや水中の世界、それに関わる人々の文化の交流拠点としての魅力がいっぱいの水族館。体感するとたくさんの刺激や発見があるはずです。

D

泳ぐスポイト
サギフエ
浅瀬にいる幼魚は海面のきらめきに紛れる銀色。深海に下りる頃には、暗い海で目立たない赤色に変身するんだ。
ななめ下向きが落ち着くんだ

もはや魚っぽい岩
オニダルマオコゼ
岩に擬態する魚はたくさんいるけれど、その頂点に君臨するのが彼ら。ひれの質感や顔のくぼみまで芸が細かすぎる！
背びれのトゲには猛毒！

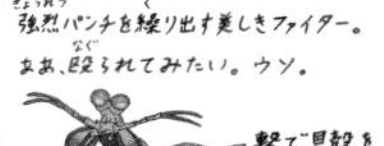

瞬殺のボクサー
モンハナシャコ
プロボクサーをはるかに超えるスピードで強烈パンチを繰り出す美しきファイター。まあ、殴られてみたい。ウソ。
一撃で貝殻を破壊！

A 館長のフィールドワークのステージである漁港を再現。ここから奥深い幼魚の世界へ。子どもたちと漁港を探索するイベントなども積極的に実施しています。 B ペットボトルなどのゴミも環境の一部として活用する、たくましい姿があります。 C 青い渦巻きが成長すると、黄色と青のシマシマに。驚くような変化が目の前に続々と。大人になった魚たちは「卒魚式」を経て全国の水族館へ。 D 魚名板の文字やイラストは香里武館長の手書き。味があると評判です。 E 深海のコーナーには、世界屈指の水中写真家、峯水亮さん撮影による深海魚の稚魚のハッとするほど美しい写真が並びます。 F 最新の技術を駆使して制作される稀少な透明標本。制作の過程で生きものの謎が解明されることも。 G 鈴木香里武館長（右）と石垣幸二さん。水族館はJR三島駅からバスで約15分の商業施設「サントムーン」内。土日祝日は無料シャトルバスが運行しています。

F

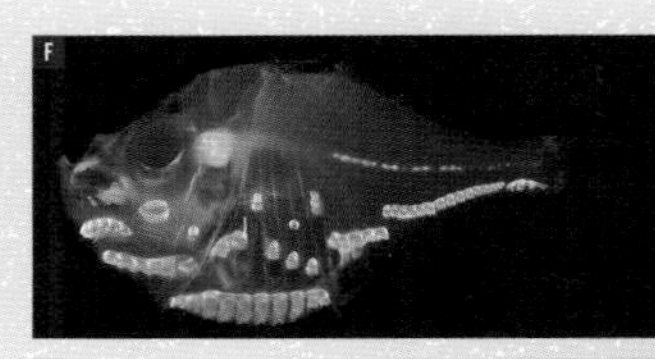

E

G

information

幼魚水族館

住所●〒411-0907　静岡県駿東郡清水町伏見52-1　サントムーン柿田川オアシス3階
電話●055-928-6429
営業時間●10:00-18:00（最終入館17:00）
住所●成魚（大人）1200円、若魚（中・高生）1000円、幼魚（小学生）600円
HP●https://yo-sui.com

Category
05

KANSAI

関西

06 生きているミュージアム ニフレル

P128

「感性にふれる」というコンセプトが名称の由来。ホワイトタイガーやミニカバが暮らす「みずべにふれる」など、生きものの色や行動に着目して8つのエリアに分けられ、オリジナリティ溢れる展示が魅力です。

住所●大阪府吹田市千里万博公園2-1 EXPOCITY内ニフレル **電話**●0570-022-060 **開館**●10:00～18:00（入館は閉館1時間前まで） **休み**●無休 **料金**●小人無料～1000円、大人2200円ほか **駅**●大阪モノレール本線・彩都線万博記念公園駅から徒歩2分 **HP**●https://www.nifrel.jp

07 海遊館

P132

水量5400トンもの巨大な「太平洋」水槽を有する大型水族館。飼育例がとても少ないイトマキエイの他、「北極圏」ゾーンにある世界最大級の天井ドーム型水槽では、ワモンアザラシを間近で見学できます。

住所●大阪府大阪市港区海岸通1-1-10 **電話**●06-6576-5501 **開館**●10:00～20:00（変動有り入館は閉館1時間前まで） **休み**●不定休 **料金**●小人無料～1400円、大人2700円ほか **駅**●Osaka Metro中央線大阪港駅から徒歩5分 **HP**●https://www.kaiyukan.com

08 劇場型アクアリウムátoa（アトア）

P136

舞台美術やデジタルアートを融合し、生きものの美と神秘性を音・光・香りなど五感で感じさせる演出が特徴。国内最大の球体水槽では、キンギョハナダイやサクラダイなど色とりどりの魚と光の調和を楽しめます。

住所●兵庫県神戸市中央区新港町7-2 神戸ポートミュージアム2～4F **電話**●078-771-9393 **開館**●10:00～20:00（入館は閉館1時間前まで） **休み**●無休 **料金**●無料～2400円ほか **駅**●各線三宮駅から徒歩18分 **HP**●https://atoa-kobe.jp

09 城崎マリンワールド

P140

「水族館以上、であること」をコンセプトに、セイウチやカマイルカなど10種の動物によるショーを毎日開催。水深12mの水槽や巨大横長チューブ水槽など、特徴的な展示場で生態や特徴を観察できます。

住所●兵庫県豊岡市瀬戸1090 **電話**●0796-28-2300 **開館**●9:30～16:30（入館は閉館30分前まで） **休み**●不定休 **料金**●小人無料～1300円、大人2600円ほか **駅**●JR山陰本線城崎温泉駅から全但バス、日和山バス停下車徒歩1分 **HP**●http://marineworld.hiyoriyama.co.jp

01 鳥羽水族館

P110

1955年に開業した同館は、12のゾーンに分かれており、飼育種数日本一の約1200種が暮らしています。ここでしか見られないジュゴンや、SNSをにぎわしたバイカルアザラシなど多種多様な動物が勢ぞろい。

住所●三重県鳥羽市鳥羽3-3-6　**電話**●0599-25-2555　**開館**●9:00～17:00（入館は閉館1時間前まで）　**休み**●無休　**料金**●小人無料～1600円、大人2800円ほか　**駅**●JR参宮線・近鉄鳥羽線・志摩線鳥羽駅から徒歩10分　**HP**●https://www.aquarium.co.jp

02 伊勢夫婦岩ふれあい水族館 伊勢シーパラダイス

P114

生き物との触れ合いがコンセプトの同館では、ツメナシカワウソと握手したり、海獣によるショーを間近で見たりと、イベントも盛りだくさん。甘えんぼうのセイウチや仲良し夫婦のトドなど個性豊かな動物が勢ぞろいです。

住所●三重県伊勢市二見町江 580　**電話**●0596-42-1760　**開館**●9:00～16:30　**休み**●無休　**料金**●小人無料～1000円、大人2100円ほか　**駅**●JR参宮線二見浦駅から徒歩20分　**HP**●https://ise-seaparadise.com

04 滋賀県立琵琶湖博物館

P120

琵琶湖岸に立地する水族展示を備えた総合博物館。ビワコオオナマズやホンモロコなど琵琶湖の固有種をはじめ約150種飼育。ロシアのバイカル博物館と協定を結び、バイカルアザラシも数多く展示しています。

住所●滋賀県草津市下物町1091　**電話**●077-568-4811　**開館**●9:30～17:00（入館は閉館60分前まで）　**休み**●月（祝休日の場合は開館）、臨時休館あり　**料金**●小人無料、大人800円ほか　**駅**●JR琵琶湖線・草津線草津駅から近江鉄道バス、琵琶湖博物館バス停下車徒歩すぐ　**HP**●https://www.biwahaku.jp

03 太地町立くじらの博物館

P116

1969年、国内捕鯨発祥の地に開業した鯨専門の博物館。珍しいアルビノのスピカやオキゴンドウをはじめ、9種の鯨の仲間を飼育展示しています。世界でも珍しいゴンドウクジラだけが出演するショーも開催。

住所●和歌山県東牟婁郡太地町太地2934-2　**電話**●0735-59-2400　**開館**●8:30～17:00　**休み**●無休　**料金**●小人無料～800円、大人1500円ほか　**駅**●JRきのくに線太地駅から太地町営じゅんかんバス、くじら館前バス停下車すぐ　**HP**●http://www.kujirakan.jp

05 京都水族館

P124

京都市にある内陸型大規模水族館。オオサンショウウオを展示する「京の川」エリアや「ペンギン」エリア、「イルカスタジアム」など10エリアで構成されています。「クラゲワンダー」には約30種5000匹のクラゲが漂います。

住所●京都府京都市下京区観喜寺町35-1（梅小路公園内）　**電話**●075-354-3130　**開館**●HPをご確認下さい　**休み**●無休（臨時休館あり）　**料金**●小人無料～1200円、大人1800～2400円ほか　**駅**●JR各線京都駅から徒歩15分　**HP**●https://www.kyoto-aquarium.com

英語でフィッシングキャット
狩りのうまいアクティブ派

ムーン & シェル

スナドリネコ

哺乳綱食肉目ネコ科

ムーン▶2022年2月26日／♂（兄）
シェル▶2022年2月26日／♂（弟）

ヤマネコの仲間で、魚をとるのが上手なことから「すなどる（漁をする）」ネコという名前がついています。ネコ科の生きものの中では小さめで、イエネコによく似ています。生息地はスリランカやインド、スマトラなど。

同館にはお父さんのサニー、お母さんのパール、息子のムーン&シェル末娘のルビー家族が暮らしています。ネコ科の出産は初めてだったので、飼育員さんはうれしい反面心配なことも多かったとか。

写真提供（p110-113）：鳥羽水族館

パールがうまく子どもの世話ができなかったため、人工哺育で育てられた兄弟。水をいやがりませんが、初めて水槽に落ちた時にはパニックになったことも。2匹とも飼育員さんが大好きで、走って追いかけてきたり、肩によじのぼってきたり。元気にスクスク育ち、立派な大人に成長しました。

現在は両親とは別に、ムーンとシェルの2匹で展示されています。泳ぎも上手になりましたが、昼間は寝ていることも多く、魚とりのシーンはとても貴重なのです。

A やんちゃで気が強いムーン。小顔イケメンで、成長しても飼育員さんのことが大好きです。**B** 好奇心旺盛で賢いシェルは目がくっきり。絶滅危惧種で国内数か所でしか飼育されていないため、出産は貴重な機会でした。

仲睦まじい両親、サニー（左）とパール。恥ずかしがり屋のパールですが、意外と怒りっぽい面を見せることも。サニーほどではなくても、パールも上手に魚をとります。

陸上でも水中でも立つ
仕草はよく見ることが
できます。写真では隠
れている大きなしっぽ
もチャームポイント。

A 前足を使って大事におやつのサツマイモを食べるグリン。真剣な表情がジワジワきます。 **B** 人にいちばん慣れているシーポン。触れ合いイベントに参加したり、館内をお散歩することもあり、出会ったお客さんから歓声をあびています。 **C** サツマイモにロックオンしているエヌ。主食はペレットですが、サツマイモはまた別腹のようです。

キメポーズは壁ドン？
コミカル兄弟

グリン＆エヌ＆シーポン

アメリカビーバー

哺乳綱げっ歯目ビーバー科
グリン▶2011年4月24日／♂
エヌ▶2012年4月30日／♂
シーポン▶2012年4月30日／♂

むくむくのボディに、小さな目と耳が愛くるしい。動きはのんびりで、飼育員さんが急に動くとびっくりしています。
飼育員さんを出待ちして立ち上がり、大好きなサツマイモを前足で受け取ったり、泳いだり、水中で謎の体勢になって昼寝したり。水中でガラス面に触ることが多く、中でも片足をつけるポーズは「壁ドン」のようで笑ってしまうとか。自由気ままに過ごす姿はどれもおもしろかわいくお客さんを笑顔にしています。

世界でも希少な
甘えんぼうマーメイド

セレナ

ジュゴン

哺乳綱海牛目ジュゴン科
推定37歳／♀

色とりどりの魚と一緒に泳ぐ姿は人魚のモデルというのも納得。まんまるの鼻も特徴で、水面のエサを食べる時は、あおむけでモグモグすることも。

飼育は世界中で２頭というジュゴンの１頭、セレナは鳥羽水族館のアイドル。真っ白でつるりとした美肌のやわらかなフォルムには温かみがあります。プールサイドに立つ飼育員さんに寄ってきて、くるんとおなかを見せる甘えんぼうです。

カワウソ団子（？）は人気のマト

アサヒ & キワ & はな etc.

コツメカワウソ

哺乳綱食肉目イタチ科
アサヒ▶2011年9月18日／♂
キワ▶2016年10月28日／♀
はな▶2021年／♀

お父さんのアサヒ（右）とお母さんのキワ（左）の間でギュッとする2022年生まれの３兄弟は上から「そぼろ」「おかか」「こんぶ」。はなの弟たちです。

器用でかわいくてちょっと気が強くて、怒ると急に噛みついてくることもある、はな（上）。カワウソたちが寝る小屋は、お昼寝姿を目の前で眺めることができる配置になっていて、特に赤ちゃんが生まれると人だかりができます。

伊勢夫婦岩
ふれあい水族館
伊勢シーパラダイス
三重県伊勢市

顔の周りにはたくさんのヒゲが生えています。目の下の色の濃い模様がほんわかした印象。
前足には爪がないけれど手先はとても器用。手のひらはモチモチしています。

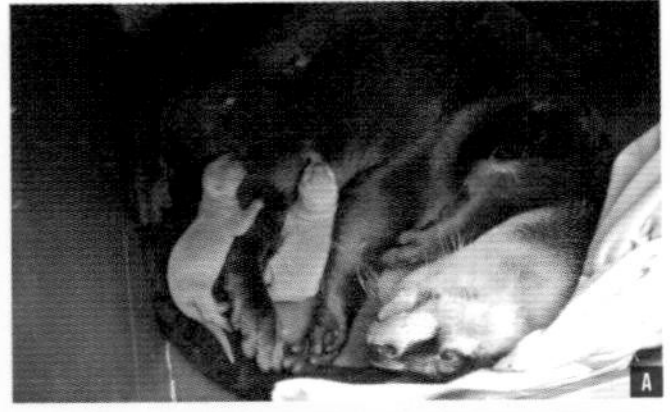

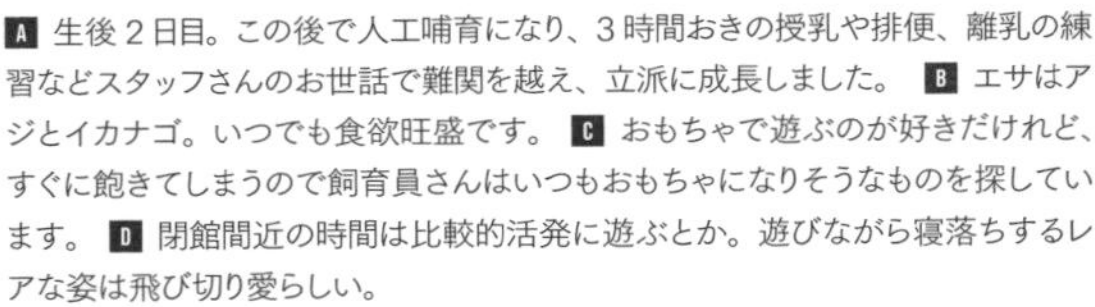
A 生後２日目。この後で人工哺育になり、３時間おきの授乳や排便、離乳の練習などスタッフさんのお世話で難関を越え、立派に成長しました。 B エサはアジとイカナゴ。いつでも食欲旺盛です。 C おもちゃで遊ぶのが好きだけれど、すぐに飽きてしまうので飼育員さんはいつもおもちゃになりそうなものを探しています。 D 閉館間近の時間は比較的活発に遊ぶとか。遊びながら寝落ちするレアな姿は飛び切り愛らしい。

おもちゃ大好き
遊び疲れて寝落ちすることも

きらり＆ひらり

ツメナシカワウソ

哺乳綱食肉目イタチ科
きらり▶2017年4月10日／♂
ひらり▶2017年4月10日／♂

一般的なカワウソに比べるとかなり大きめで、70㎝ほどにもなるためお客さんにビックリされることも多いとか。国内で数館しか会うことができない珍しいカワウソです。

同館の双子は生後間もなく感染症にかかり、人工哺育で育ちました。約3か月、24時間体制のつきっきりで育てた飼育員さんとは親子のような絆で結ばれています。今でも気の向くままに抱っこをせがみ、飼育員さんをペロペロ舐める甘えんぼう兄弟。

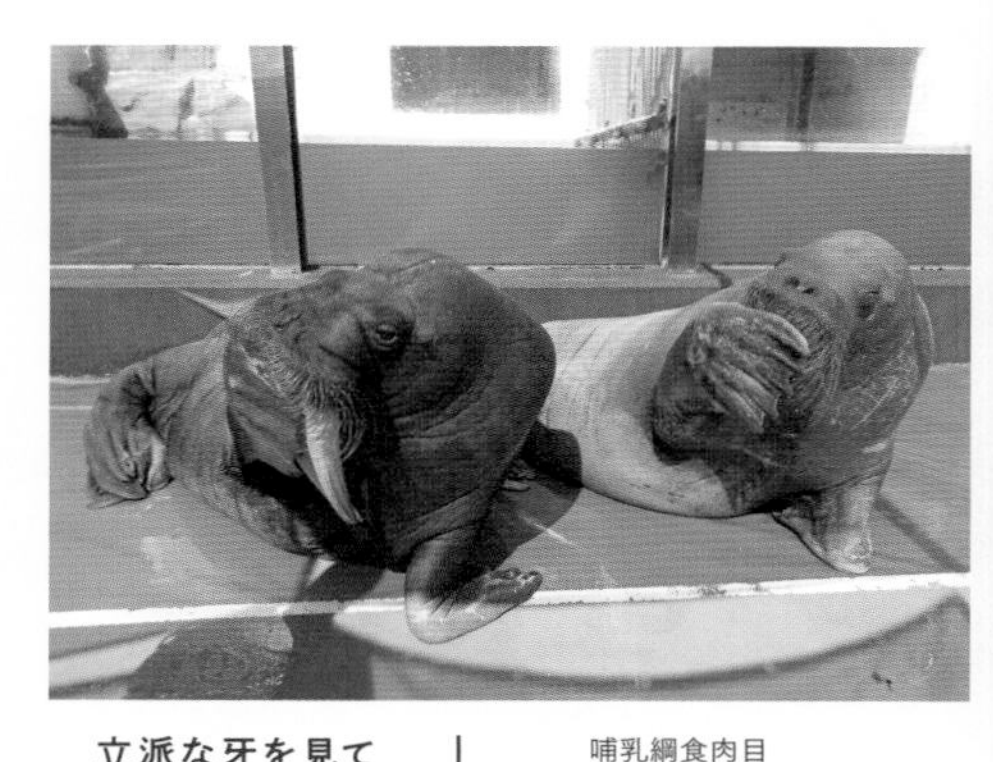

お散歩に出会えるかも

―

カリフォルニアアシカ

哺乳綱食肉目
アシカ科
推定23歳／♀

小さい頃から一生懸命でショーの技はキレキレ。散歩や触れ合いにも積極的です。ヤギのような甘え声が面白い。

立派な牙を見て

―

セイウチ

哺乳綱食肉目
セイウチ科
推定22歳／♀

メスでも体重は700kgほど（左）。まっすぐ伸びた牙が自慢です。飼育員さんが通ると挨拶したくて呼び止めます。

おっとりした性格で、のんびりマイペースですが、妹には偉そうな態度を取ることも。でも妹は全然気にしていない様子だとか。

倒立やアッカンベーできるようになりました

―

トド

哺乳綱食肉目
アシカ科
2018年6月6日／♂

両親と妹の4人家族で暮らし、ショーでも頑張っています。トレーニングはコツコツ一生懸命に。苦手なのは階段。降りる時がこわいのか、おしりからゆっくりと。子どもの時だけかと思っていたら体重が260kgになった今もそのままです。

写真提供（p114-115）：伊勢夫婦岩ふれあい水族館
伊勢シーパラダイス

愛嬌たっぷりのアピール上手さん

ディノ

シワハイルカ

哺乳綱偶蹄目マイルカ科
推定8歳／♂

歯に細かいシワがあることからその名がついたシワハイルカ。ディノはトンネル型の水槽にいて、360度どの角度からでも眺めることができます。

とても好奇心旺盛で人が好きなディノ。飼育員さんが仕事で生きものを観察していると、他の個体を見ようとしてもずっと目の前について回り「僕だけ見て!」と言うように顔を向けてくるのだとか。お客さんにも近寄って来てくれるので、シャッターチャンスが多めです。

に撫でてもらうのも好きで、エサを食べた後には飼育員さんにおなかを向けて撫でてほしいとアピールします。

好奇心旺盛なのはモノに対しても同じで、初めて見るおもちゃでも全く平気で遊び始めます。水槽に入れたおもちゃを胸ビレや尾ビレにひっかけ、一緒に泳いだり沈めたりして遊ぶ姿はむじゃきな子どものよう。

いつも元気いっぱいに動き回るディノですが、たまにプカっと浮きながら寝ていることも。オフモードに出会えるのも貴重です。

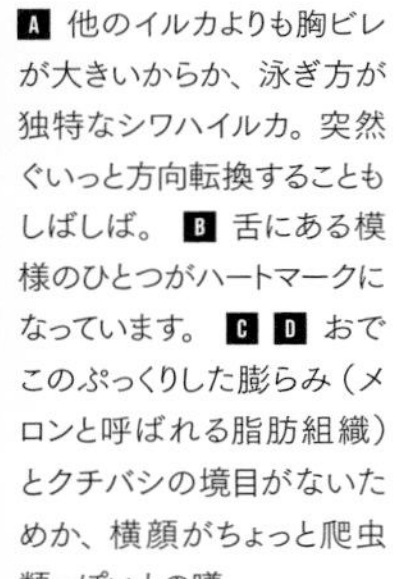

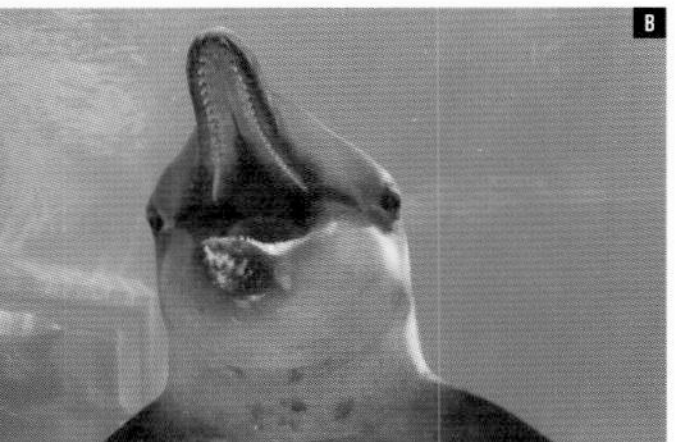

A 他のイルカよりも胸ビレが大きいからか、泳ぎ方が独特なシワハイルカ。突然ぐいっと方向転換することもしばしば。 B 舌にある模様のひとつがハートマークになっています。 C D おでこのぷっくりした膨らみ（メロンと呼ばれる脂肪組織）とクチバシの境目がないためか、横顔がちょっと爬虫類っぽいとの噂。

夕方のエサの時間には、訓練中のジャンプや回転など活発な姿が見られるチャンス。

ディノ DATA

性格｜好奇心旺盛で愛嬌がある
特技｜「撫でて」アピール
好物｜ホッケ、ニシン、シシャモ

写真提供（p116-119）：太地町立くじらの博物館

バンドウイルカと比べると、体に対してヒレが少し大きめ、クチバシが縦に長めです。顔が細長くシャープな印象も。

海を区切ったいけすで、ゆうゆうと暮らします

スバル

交雑種
（バンドウイルカ、ミナミバンドウイルカ）

哺乳綱偶蹄目マイルカ科
推定11歳／♂

２種のイルカの交配で生まれたスバルは、それぞれの特徴を合わせ持っています。いけすに入ってきた魚を追いかけたり、他のイルカにもちょっかいをかけたりする好奇心いっぱいの一方、新しい道具やおもちゃにはビクビクすることも。

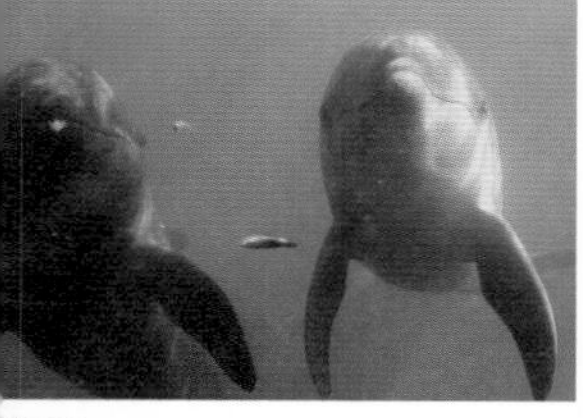

いっぱい食べて、まじめにジャンプ！

ひよか

交雑種
（ハナゴンドウイルカ、オキゴンドウイルカ）

哺乳綱偶蹄目
2020年／♀

ハナゴンドウとオキゴンドウの交配で生まれたひよか。訓練が始まるとシャキっと体を真っ直ぐにして全力投球。飼育員さんが近づくと、全力で胸ビレを振ったり、大きな口を開けながら寄ってくる人なつっこさもかわいいところ。

大きくて先のとがった歯がたくさん生えているのは、オキゴンドウの特徴です。同じいけすで暮らすスバル（左）と並んでごはん。

ヒレで水面を叩いたり、ギャーギャーと大声をあげたり。活発に動くと白い体がほんのりピンクに染まります。

希少な真っ白の体
性格も我が道を行く

ハマタ

ハナゴンドウ

哺乳綱偶蹄目マイルカ科
推定13歳／♂

とても珍しい白いハナゴンドウのハマタ。エサやり体験プログラムで一生懸命お客さんにアピールしていたかと思えば、背中を向けてのんびりし始め、気が向くと突然大ジャンプをするなどマイペースさが目立ちます。

心を開くと絆が深い

キース

オキゴンドウ

哺乳綱偶蹄目
マイルカ科
推定19歳／──

初対面の仲間にも自ら挨拶に行くリーダー気質。トレーナーさんと息の合ったダイナミックなジャンプを披露します。

大きな瞳のナイーブさん

せんた

コビレゴンドウ

哺乳綱偶蹄目
マイルカ科
推定６歳／♂

訓練中にまんまるの目で指示を待つ姿に飼育員さんもメロメロ。初めての場所や生きもの、ひとりぼっちが苦手です。

滋賀県立
琵琶湖博物館
滋賀県草津市

細い草の上も走れます 巣の中で寝るのは至福

カヤネズミ

哺乳綱げっ歯目ネズミ科

見た目は普通のネズミだけど、とても小さい。大人の親指サイズで、体重は500円玉と同じくらいです。

かわいい指のついた手先も器用だけれど、長いしっぽでも草をつかみます。しっぽを巻き付けながら草の上をスムーズに移動する姿に会いに行ってみて。

国内最小級のネズミで名前の由来はカヤというイネ科の植物で巣を作ること。展示場の草は、飼育員さんが同館の前の空き地で刈り取っています。いつも新鮮なカヤを提供してもらえるカヤネズミたちは、せっせと巣作りに励みます。植物を裂いて編み込んで、器用に丸い巣を形成していきます。夏は草が生い茂っているので立派な巣が見られることが多いそうです。巣の中が居心地よすぎると、なかなか出てこなくなってしまうことも。

A 巣から出て動き回るのは夕方の閉館前。でも見られるかどうかは運次第。小さすぎて、いるのに「いない」と言っているお客さんも多いので要注意。 B 巣の中の寝顔がかわいいというのは飼育員さんの秘密情報。展示では巣の中を見ることができないけれど、グラグラ動いている巣からは出てくることが多いので注目です。 C 立ち上がって前足で相手を押すのがケンカの始まり。突然始まり、突然終わる小ぜりあいです。 D 野生でのエサは草の種や小さな昆虫。同館では小鳥のエサやリンゴ、ミルワームなどを与えています。

同館では飼育ケースのおがくずの中で出産をします。そのため生まれた赤ちゃんは自然の草むらを知らずに育ちます。ある程度成長して展示ケースに入れると興味津々で、草を登ったり降りたり。そして次の日はもう草の巣を作っている！ 本能の力を見せつけられる瞬間です。

5匹から始まった展示も今では30匹を超えました。巣作りの上手下手や、性格の違い、時にはケンカすることもありますが、そのすべてが愛嬌なのでしょう。

DATA

性格｜臆病
特技｜草を編んで巣を作る
好物｜ミルワーム

写真提供（p120-123）：滋賀県立琵琶湖博物館
撮影：阪田真一

第二の背ビレが オスのモテポイント

ビワヨシノボリ

硬骨魚綱スズキ目トビハゼ科

透明な体に青白く縁取られたようなウロコはとてもキレイ。オスは後ろに伸びる第二のヒレでメスにアピールします。

琵琶湖にだけ生息する魚で、国内での展示もおそらく同館のみ。ハゼの仲間ですが、透き通った体でふわふわと浮くように泳ぐ姿は琵琶湖の神秘を感じさせるとか。夏の産卵期には、黒っぽく変色したオスが岸近くでなわばりを作ります。

見て美しく食べるとおいしい

ビワマス

硬骨魚綱サケ目
サケ科

マスとの見分けが難しい魚ですが、他のサケ、マスの仲間より目が大きいのがかわいく見えるポイント。

主に琵琶湖に生息し、サケと同じように産卵期は群れで川を登ります。そうして川で生まれ育った子は成長して琵琶湖へ。気難しく環境に慣れるまでエサを食べてくれないことも。産卵する気満々の時は、水槽の砂を掘り返すそう。

古代魚の一種らしい神秘的なルックス。ウロコがチョウの形をしているのが名前の由来なので、訪れたら確認してみましょう。

「生きた化石・古代魚」のコーナーで展示されています。チョウザメは水底のほうで暮らす生物を捕食して大きく成長します。この個体は正確には、コチョウザメとオオチョウザメを掛け合わせたベステルという繁殖品種。

サメの名だけどサメじゃありません

チョウザメ

硬骨魚綱チョウザメ目
チョウザメ科

琵琶湖に固有の希少なナマズ

体長は60cmほど。見た目も生態もナマズによく似ていますが、黒ずんだ体に黄褐色の斑点があるのが特徴。昆虫やエビ類、小魚類を食べ、浅瀬で産卵します。ユニークなのが目の位置。深い岩礁帯に住むため頭の側面にあり、おなか側も見ることができます。

イワトコナマズ

硬骨魚綱ナマズ目ナマズ科

岩の隙間に入り込むのが好き。岩場でまわりを見渡しやすいように、目が少し横についています。

A 成体になると獲物を待ち伏せして捕まえるためあまり目を使わなくなり、目は退化してしまったと考えられています。 B あくびをするように大きく口を開くことも。 C 周囲に植物を植えたり、隠れ家となる岩陰や隙間を作ったりと、生息環境に近づける展示をしています。前足には4本、後足には5本の指が。指の裏は肉球のように丸く、おかげで岩の上や水流の中でもふんばれるのです。

のっそりかわいい 世界最大級の両生類

オオサンショウウオ

両生綱有尾目オオサンショウウオ科

水槽の前で「デカっ」という声があがるオオサンショウウオの展示。それもそのはず、いちばん大きい交雑個体は体長158cm体重約35kgと、人間ほどの大きさがあるのです。

夜行性で、日中は暗がりでじっとしているのが基本姿勢。息つぎや移動のためにのっそり動く程度です。5日に1度のごはんの時間には、驚くほどの素早さで口を動かし一瞬でパクリ。食べ終わるとまたのっそり。このスローーさがクセになる？

A 流れてくるごはんに夢中になって、砂から全身が出てしまったり、お隣とからまってしまうことも。
B 口をパカっと開けてケンカ中！ケンカの時も砂に埋まっています。
C 顔が犬の狆（チン）に似ていることから「チンアナゴ」という名前がついたといわれますが、似ていますか？

ニョロっとかわいいけど それは食べちゃダメ！

—

チンアナゴ

条鰭綱ウナギ目アナゴ科

チンアナゴは移動しない時間が長いだけに、周囲をよく見て生活しています。ごはんのプランクトンをキャッチするのもお手のもの。しかしごくたまに、ごはんと間違えて他の子のうんちを食べてしまうことも。当のチンアナゴもさぞ驚くのでしょう。あわてて吐き出す姿には、思わず笑ってしまいます。

縄張り争いでケンカをする日もあれば、ひとつの穴から仲良く2匹が出ていることも。謎だけど愛らしいチンアナゴたちは見飽きません。

写真提供（p124-127）：京都水族館

直立不動で立ったまま浮かんでいるヒカル。

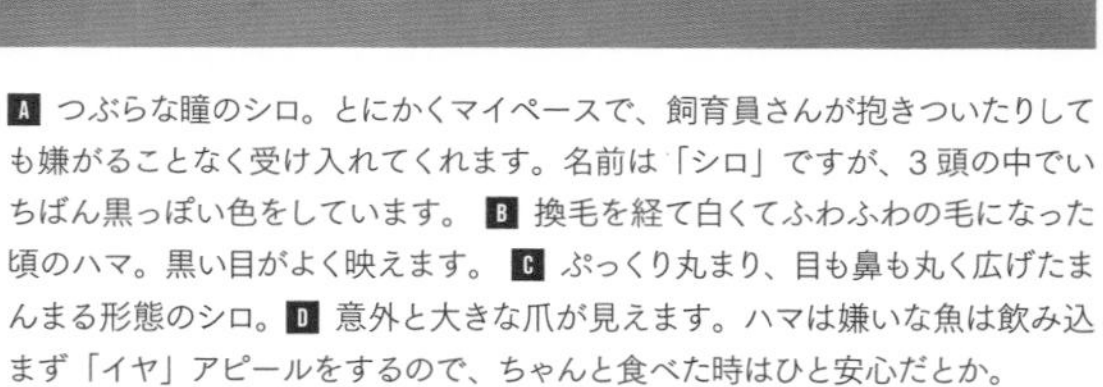
A つぶらな瞳のシロ。とにかくマイペースで、飼育員さんが抱きついたりしても嫌がることなく受け入れてくれます。名前は「シロ」ですが、３頭の中でいちばん黒っぽい色をしています。 B 換毛を経て白くてふわふわの毛になった頃のハマ。黒い目がよく映えます。 C ぷっくり丸まり、目も鼻も丸く広げたまんまる形態のシロ。D 意外と大きな爪が見えます。ハマは嫌いな魚は飲み込まず「イヤ」アピールをするので、ちゃんと食べた時はひと安心だとか。

見比べるのが楽しい
ユニークトリオ

ハマ＆シロ＆ヒカル

ゴマフアザラシ

哺乳綱食肉目アザラシ科
ハマ▸1999年3月20日／♀
シロ▸2007年3月31日／♂
ヒカル▸2007年3月25日／♂

シロはマイペースなのんびり屋さん。他の2頭がケンカしていてもおかまいなし。ヒカルはごはんの時間に知恵を働かせる計略家。トレーニングで指示がわからない時、目をつぶって合図を見ていないふりをするのがかわいい。ハマはごはんの魚の好みが日によって変わる気分屋さん。お昼寝が大好きなハマの、寝グセでカールしたヒゲを見られたらラッキーです。1日2回のごはんの時間には3頭並んで食事をするので、個性が垣間見えるかな？

ポヨポヨうごく水玉さん

タコクラゲ

鉢虫綱根口クラゲ目タコクラゲ科

カサの水玉と、口腕の先のフリルのようなつくりがかわいい。運がいいとごはんの時間が見られます。

タコの足のように、半球状のカサから伸びている口腕が８本あるタコクラゲ。カサをポヨンポヨンと動かして泳ぐ姿がリズミカルで楽しいと人気です。光を好むため、いつも水槽は明るくライトアップされています。

アクロバットな三段重ね

ミナミイシガメ

爬虫綱カメ目
イシガメ科

栗色で丸みを帯びた甲羅が特徴。京都市では天然記念物に指定されているカメです。上のほうが暖かいからか、お互いに重なり合うのが好き。まれに３匹重なっていることもあり、どうやって登ったのか気になります。

口角があがってニコっと笑顔に見えるのがキュート。重なっている姿を見るなら、午後のまったりタイムが狙い目です。

生後２日目。三重にも四重にも見えるタプタプのあごや、小さな耳がプルプル動く様子がキュートです。

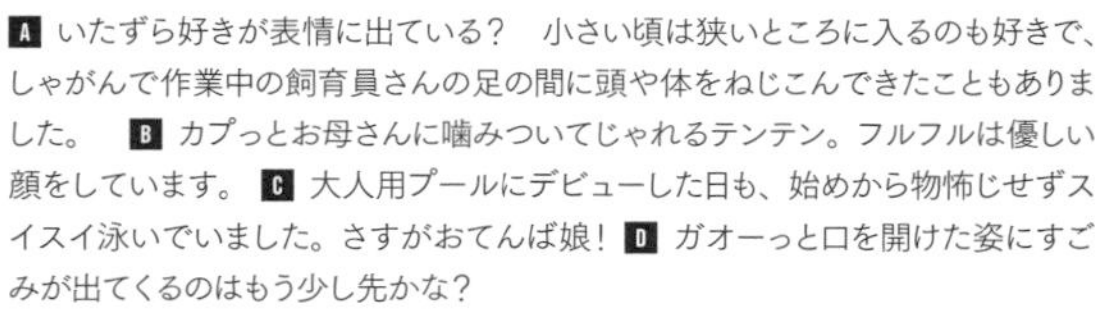

A いたずら好きが表情に出ている？　小さい頃は狭いところに入るのも好きで、しゃがんで作業中の飼育員さんの足の間に頭や体をねじこんできたこともありました。　B カプっとお母さんに噛みついてじゃれるテンテン。フルフルは優しい顔をしています。 C 大人用プールにデビューした日も、始めから物怖じせずスイスイ泳いでいました。さすがおてんば娘！ D ガオーっと口を開けた姿にすごみが出てくるのはもう少し先かな？

プルプルカバの おてんば娘！

テンテン

ミニカバ

哺乳綱鯨偶蹄目カバ科
2021年6月18日／♀

体重6.7kgで生まれ、1年たらずで100kg以上に育ったテンテン。一般公開初日には、自分からガラスに近づき、お客さんを観察。プールが気に入ったようで、なかなか寝室に帰らずに飼育員さんを困らせたことも……。エサは工夫して食べるよう、地面や水中、ぶら下げた形など様々に置かれています。

毎週の体重測定に合わせて来園する、週2回以上会いに来るなどコアなファンもいるテンテン。みんな愛情いっぱいに成長を見守っています。

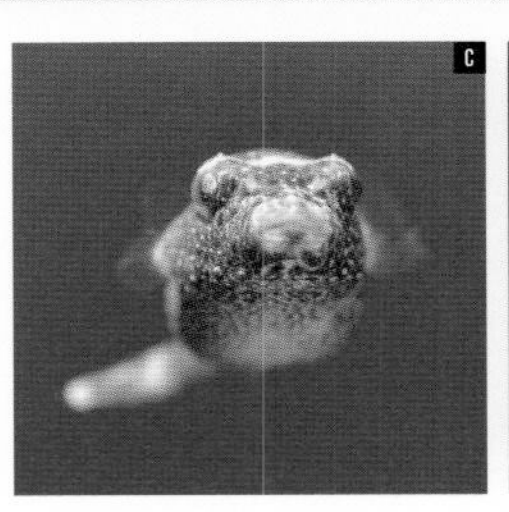

A 流木や水草のすきまで休みますが、体の色が流木にそっくり。敵に見つからないよう擬態しているのかもしれません。**B** 1日3回、ユスリカ幼虫（アカムシ）を与えています。食欲旺盛でエサをみつけると競い合って食べます。**C** ふ化後30日で、体長は約2cm。透明の小さなヒレを一生懸命動かして泳ぎます。

繁殖に成功して会えた 毛なしの赤ちゃん

パオ・バイレイ

硬骨魚綱フグ目フグ科
2022年4月5日／性別不明

パオ・バイレイはメコン川流域の淡水にすむフグの仲間。「皮弁」という軟らかい突起物を持つことから「毛フグ」とも呼ばれています。ふ化したての稚魚はまだ小さくて皮弁がなく、生後45日ほどで少しずつ生えてきました。

国内で飼育下の繁殖に成功したのは同館が初めてといわれています。２０１８年の初繁殖では43日の育成でしたが、２０２２年に生まれた子フグは記録を更新中。元気に育ってほしいですね。

写真提供（p128-131）：生きているミュージアム　ニフレル

仲良し夫婦の
添い寝にほっこり

アラジン & ジャスミン

アメリカビーバー

哺乳綱げっ歯目ビーバー科
アラジン▶ ― ／♂
ジャスミン▶ ― ／♀

器用な手でむぎゅっとエサをつかんで食べるジャスミン。水に浮かびながら食べるのが上手です。

一緒に寝たり、毛づくろいし合ったりといつもラブラブ。ジャスミンは毛づくろい上手なのでアラジンの背中は毛艶がよく、アラジンは下手なのでジャスミンの背中は毛玉が多め。アラジンはジャスミンのしりに敷かれ気味です。

膨らんだ姿が有名ですが、ふだんは意外とスマート。歌舞伎のクマドリのような模様が素敵です。スタッフが針を数えてみたところ、実は1000本ではなく約450本。個体差はあるものの300～400本が一般的とか。

本当は1000本も
ないんです……

―

ハリセンボン

硬骨魚綱フグ目ハリセンボン科

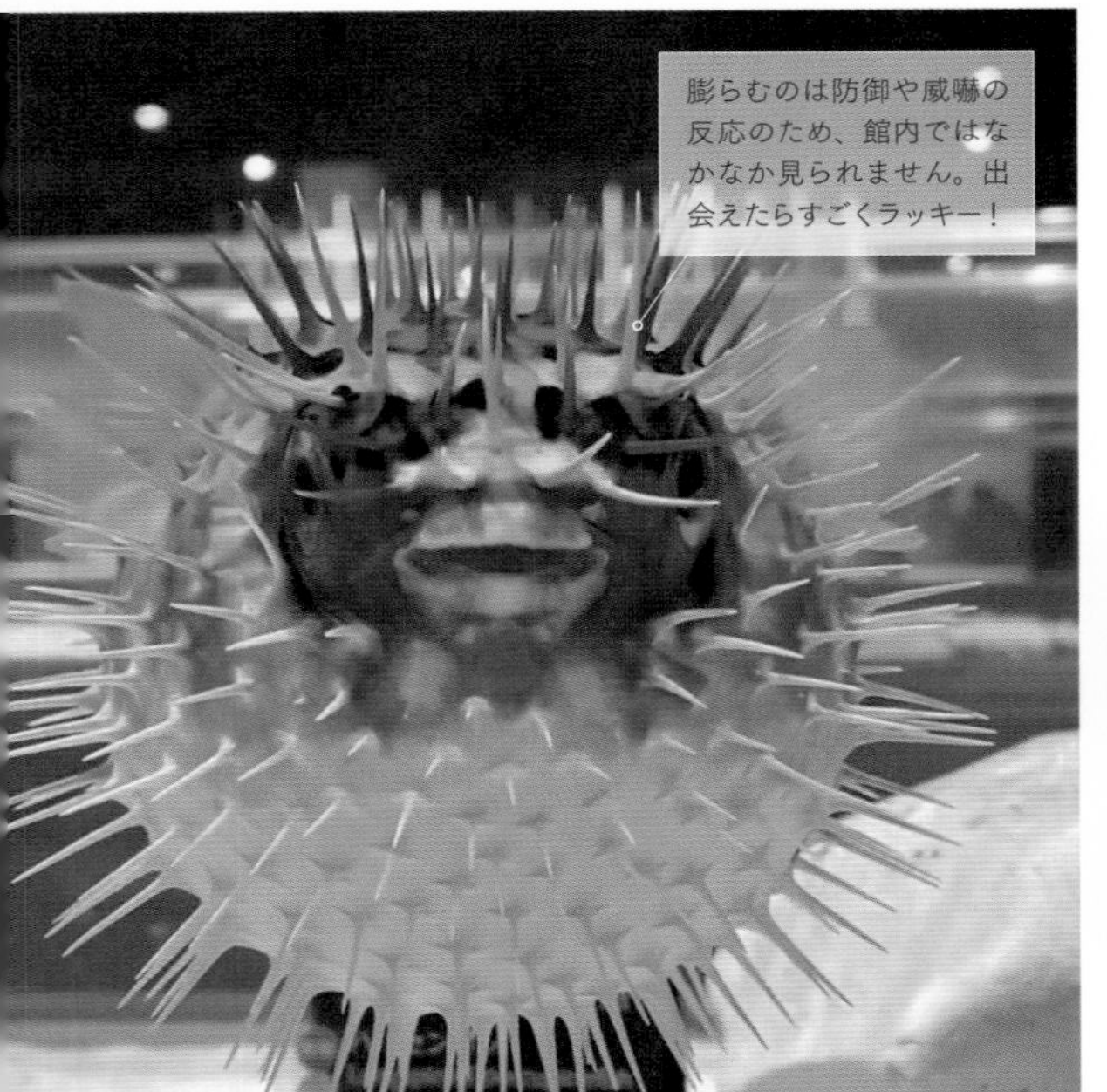

膨らむのは防御や威嚇の反応のため、館内ではなかなか見られません。出会えたらすごくラッキー！

ライオンのようなたてがみはありませんが、頬〜首にかけてはやや長めの毛が生えています。ふかふかで気持ちよさそう。

A B 子どもの頃から水に入るのが大好きなアクア。夏場は浅瀬で、半身浴のようにして寝そべっていることもあります。 C 飽きっぽい性格で、同じおもちゃや興味が湧かないものを出すと見向きもしないため、スタッフは毎日試行錯誤しています。

アイスブルーの瞳に見つめられたい

アクア

ホワイトタイガー

哺乳綱食肉目ネコ科
2013年3月16日／♂

ホワイトタイガーとは、ベンガルトラの白変種のこと。「ホワイトタイガー」という種類の生きものではありません。

アイスブルーの瞳、ピンクの肉球など、お客さんの心をつかむポイントの多いアクア。凛々しい顔やしなやかな身のこなしは絵になります。ゴロゴロとお昼寝したり、無邪気におもちゃで遊んだり、かわいい姿も大人気。水中のエサを魚に横取りされたのに気づかずに探しているなど、おとぼけな場面もよく見られます。

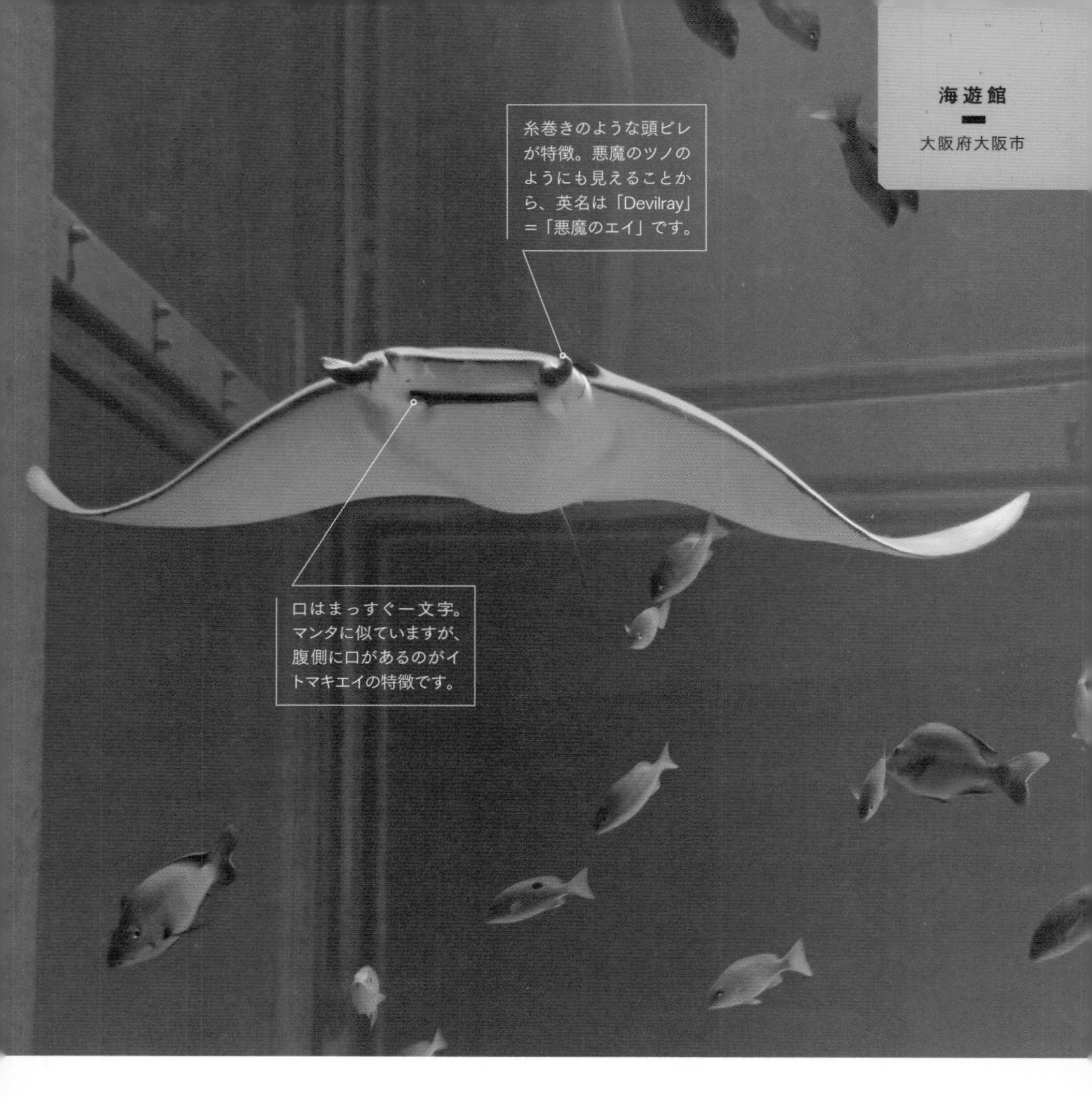

水中を羽ばたく姿がエレガント

イトマキエイ

軟骨魚綱トビエイ目トビエイ科

イトマキエイを展示しているのは、全国でもここ、海遊館だけ！　自然界でも確実に見られる観察ポイントは発見されておらず、まだ生態も詳しく知られていない、貴重な生きものです。現在飼育されているのはメスの1個体。

同館ではイトマキエイの船での海上輸送や、活魚車を使った陸送の経験があります。細心の注意を払いながらの難しい輸送だったので、水槽に搬入して泳ぎだした瞬間、飼育員さんの感動もひとしおだったといいます。

写真提供（p132-135）：海遊館

A 尾の近くにちょこんとある出っ張りは、背ビレなんです。以前いたオスの個体です。
B 頭ビレの先端付近はまだらに白色。よく見ると、少しずつ動かしながら泳いでいます。

鳥が羽ばたくような動きでゆったり泳ぐ姿はエレガントで、いつまでも眺めていられそう。同じエイでも種類によって泳ぎ方が違うので、水槽内の他のエイたちと見比べるのも楽しいです。
優雅な姿から一転、求愛のためかオスがメスを激しく追いかけることもあります。以前、オスとメスが同居していた時は、水しぶきが上がるほど勢いよく追う姿も見られました。一生懸命なオスとしれっとしたメスとのギャップに飼育員さんもクスっとしたそうです。

成長すると3m近い幅になるというビッグサイズ。ひし形の体で、空を飛ぶようにゆったりと泳ぎます。

巣にこだわります

—

ミナミイワトビペンギン

鳥綱ペンギン目
ペンギン科

巣への執着心が強く、近づく者は容赦なく攻撃。なんでも巣の材料にしてしまい、気づくと掃除用のブラシも……。

個性の違う2頭

海（かい）& 遊（ゆう）

ジンベエザメ

軟骨魚綱テンジクザメ目
ジンベエザメ科
海▶7〜8歳／♂
遊▶15〜16歳／♀

成長すると10mを超える個体も。海は食いしんぼうで、遊は少し神経質。体の模様もちがうので個性を見つけてみてください。

いろんな角度から
かわいさを眺めてね

ユキ & ミゾレ

ワモンアザラシ

哺乳綱食肉目
アザラシ科
ユキ▶推定 15 歳／♀
ミゾレ▶2021年4月1日／♂

顔の横の小さな耳から音を聴いているアザラシ。水に入る時は耳から水が入らないようキュッと首を縮めます。写真はユキ。

ミゾレ（右）は生まれた直後に低体温の症状がみられ、一時は命に係わる状態でした。担当スタッフ全員が一丸でケアをし一命を取り留め、ワモンアザラシでは国内初となる完全人工哺育で元気に成長しました。

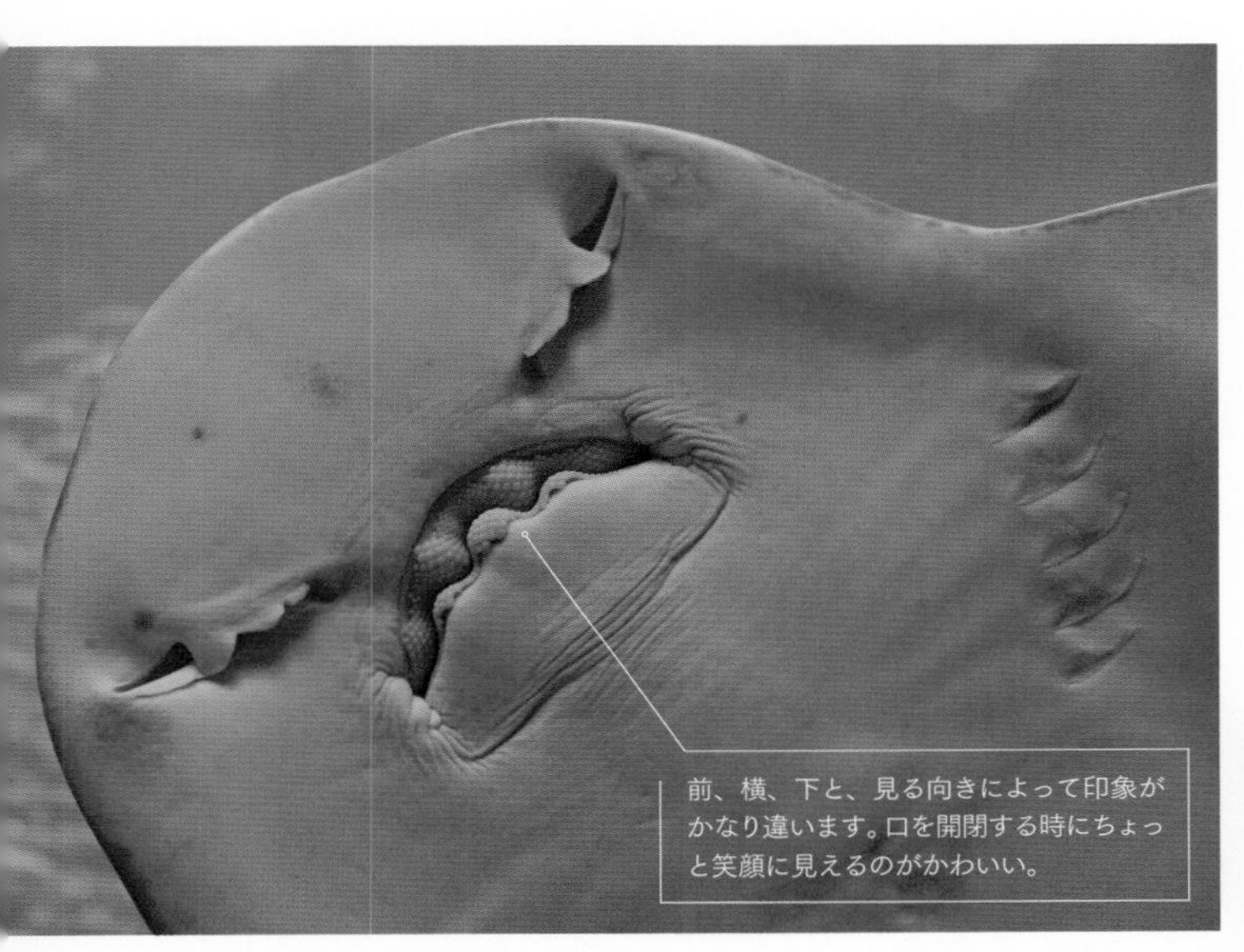

前、横、下と、見る向きによって印象がかなり違います。口を開閉する時にちょっと笑顔に見えるのがかわいい。

好きすぎるのも困ったもの？

—

シノノメサカタザメ

軟骨魚綱ノコギリエイ目
シノノメサカタザメ科

色黒のメスと色白のオスのペア。タイミングが合えば、オスからのアピールや交尾行動が見られるかもしれません。メスに対する独占欲が強すぎて、採血しようとしたスタッフとの間に割って入ってくることも。

すくすく育ってます！

—

スミツキイシガキフグ

硬骨魚綱フグ目
ハリセンボン科

国内3例目の繁殖に成功しました。今では赤ちゃんはすっかりフグらしく。

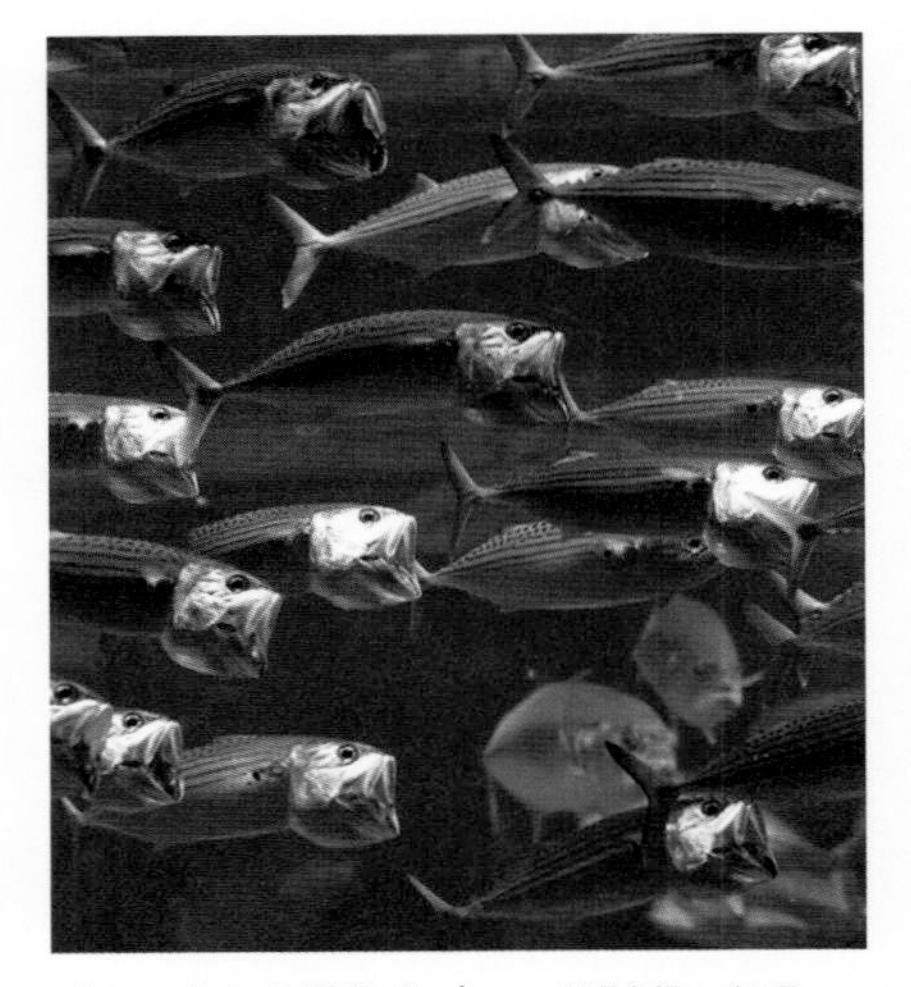

群れでうねる躍動感

—

グルクマ

硬骨魚綱スズキ目
サバ科

群れで泳ぐ様子は、まるで巨大な一体の生きもののよう。水しぶきが上がるほどのダイナミックな姿は必見です。

劇場型
アクアリウム
アトア átoa

兵庫県神戸市

赤い目の他に手足もオレンジで鮮やか。体の横には青や黄色の模様もあります。

A ぎょろっとした大きな赤目で周りをよく見ています。好物のコオロギを見つけると、素早い舌さばきでキャッチ。 B 手足をしまい、葉っぱにぴったりくっついていると、お客さんから「半分に切ったピーマンみたい」と言われます。体全体が見えた時、動いた時との違いが興味深い。 C 下からのぞくとぺったんこに吸い付くような姿。こちらからは白、オレンジ、緑が鮮やかです。

休んでいるとピーマンみたい 赤目を見るには夜がおすすめ

アカメアマガエル

両性綱無尾目アマガエル科

鮮やかな緑の体に真っ赤な目。昼間は寝ていることが多く、夕方遅めから少しずつ起き出します。印象的な瞳を見るためには、閉館間近が狙い目。昼間は葉っぱやガラスにくっついて休んでいることが多いのです。

水槽には植物や流木が置いてあり、それぞれお気に入りの場所があります。夕方以降から活発に動き出し、葉っぱと葉っぱの間をジャンプ。時間帯を変えて訪れると違う姿を見ることができます。

黄色い体に水色のヒレ。
全体が淡く美しい色と、
びっくりしたような大きな
目も人気の理由です。

A 常に巣穴の近くで行動。それだけに巣穴への執着が強く、いつも巣穴をいじっています。 B コロナ禍で水槽の底砂に使うサンゴ砂の流通が滞った時は、適したサンゴ砂を入手するために苦労したそう。 C 1日2回（不定期）エサやりの時には巣穴から出てきて待ちますが、巣穴近くでも落ちてくるのをまだか、まだかと眺めている様子に思わず笑ってしまいます。

口の大きさがステイタス？ 得意技は穴掘りです

—

イエローヘッドジョーフィッシュ

条鰭綱スズキ目アゴアマダイ科

巣

穴を作って潜って暮らすため、大きな口で小石やサンゴをくわえてせっせと運びます。穴を掘りながら周りにも石などを積み上げていきますが、水流や他の個体の穴と近すぎて崩れてしまうことも多々あります。それでもせっせと巣穴を作りつづける姿にたくましさを感じます。

警戒心が強く、縄張り意識も強めです。仲間と口の大きさを競い合ったり突っつきあったり、いろいろな行動を観察してみて。

写真提供（p136-139）：劇場型アクアリウム アトア átoa

ふだんはどっしりでも
決めたら突き進む

メポ（右）
&
ショコラ（下）

アルダブラゾウガメ

爬虫綱カメ目リクガメ科
メポ▶ ― ／♂
ショコラ▶ ― ／♀

ひなたぼっこ中のメポ。名前の通りゾウのような足や皮膚に注目。飼育員さんに体、特に首を触ってもらうのが好きです。

同館のゾウガメの中で一番体が大きいメポと、飼育員さんと遊ぶのが大好きなショコラ。同館には４頭のゾウガメがいますが、フロア内を自由に歩き回るため、たまに出入り口の扉をふさいでしまい飼育員さんが動けなくなってしまうことも。

元気に海水飛ばし

―

ウシバナトビエイ

軟骨魚綱トビエイ目
トビエイ科

ゆったり泳ぐ優雅な姿と、エサの時に活発に泳ぎ回る姿のギャップが見もの。エサやりは火、木、日が基本です。

目の下のラインがおしゃれ

―

キンギョハナダイ

硬骨魚綱スズキ目
ハタ科

鮮やかな体色は個体や時期によって変化も。不定期で解説を聞きながら食事の様子を観察できます。

とても欲張りなげんげんは、エサを両前足いっぱいに抱え込んで食べます。

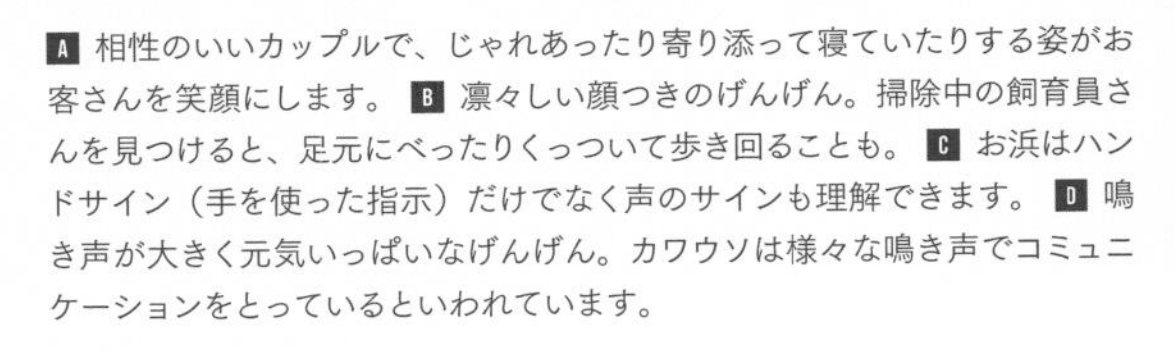

A 相性のいいカップルで、じゃれあったり寄り添って寝ていたりする姿がお客さんを笑顔にします。 B 凛々しい顔つきのげんげん。掃除中の飼育員さんを見つけると、足元にべったりくっついて歩き回ることも。 C お浜はハンドサイン（手を使った指示）だけでなく声のサインも理解できます。 D 鳴き声が大きく元気いっぱいなげんげん。カワウソは様々な鳴き声でコミュニケーションをとっているといわれています。

穏やかな甘えんぼうと
破壊神の仲良し夫婦

げんげん & お浜

コツメカワウソ

哺乳綱食肉目イタチ科
げんげん▶2018年2月12日／♂
お浜▶2020年9月28日／♀

ヒゲが立派なげんげんと、小顔で美人なお浜。性格は見かけと逆のようで、げんげんはおもちゃで遊ぶお浜を横目に、飼育員さんの足もとで、かまってもらえるのを待っています。一方お浜はやんちゃなお転婆娘。おもちゃとして入れているロープをぶんぶん振り回すなど遊びも激しめで破壊神なんて呼ばれることも。そんなお浜は遊びに夢中の時に体に物が触れてしまったら超おおげさに飛び上がって驚くなど、それぞれのリアクションが楽しい。

城崎
マリンワールド
兵庫県豊岡市

こぼれ落ちそうに大きなタレ目がチャームポイント。見づらいですが、あごの下に1か所、丸く毛の色が濃い部分があります。
毛は短め。足には5本ずつ指があり水かきでつながっています。地上では前足と後ろ足で体を支え、おなかを浮かせて移動します。

水槽越しの
追いかけっこが得意

アマビエ

カリフォルニアアシカ

哺乳綱食肉目アシカ科
2020年6月9日／♀

別の施設で誕生し、城崎マリンワールドに引っ越してきたアマビエ。2021年秋の来園当初、トレーナーさんは「アマビエの母親代わりになろう」と、昼も夜もお世話することを決意。その甲斐あって、初めは恐る恐る触れる程度だったアマビエも、3日目にはトレーナーさんの膝の上で寝るまでになりました。

今では信頼しきって、トレーナー大好きな甘えんぼうに。他の動物にかまったり、ごはんの時間を終えようとすると鳴いてアピールします。

レーナーさんの膝の上に乗ってくることは今でもあり、動くと怒られてしまうそう。まだショーには参加していませんが、1日2回のトレーニングを行っています。スタッフとたくさん遊ぶうち、訪れるお客さんとも水槽越しに遊ぶようになりました。得意なのは追いかけっこ。特に、子どものお客さんは動きの予想ができないからか、楽しそうに遊んでいます。

疫病退散の願いを込めて名付けられたアマビエ。元気な姿で周りを照らしています。

A 正面から見ると、笑っているように見える口もとがかわいい。たれ目と相まって優しい顔立ちです。 B 目をつぶって気持ちよさそうなアマビエ。どんな気持ちの表情でしょうか？ C オオナゴやカマスは好きだけど、シシャモは嫌い。移動してきたその日にも初対面の飼育員さんの手からエサを食べてくれました。 D 思った以上に追いかけて遊ぶので、お客さんは驚いたり喜んだり。水槽の前には、いつも笑顔があります。

アマビエ DATA

性格｜甘えんぼう
特技｜お客さんと追いかけっこ
好物｜オオナゴ、カマスの切り身

写真提供（p140-143）：城崎マリンワールド

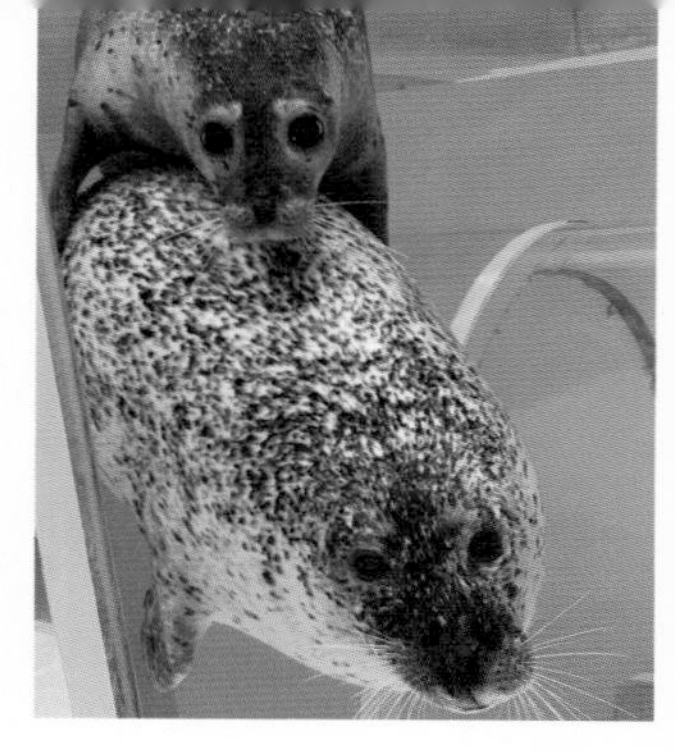

小柄だけど毛並みがひときわきれいなずんだ。ゴマ模様もはっきり出ています。兄姉はみんな餅の名前。もちつもたれつ元気に育つようにと命名。

やわらかお餅兄弟の
元気な末っ子

ずんだ

ゴマフアザラシ

哺乳綱食肉目アザラシ科

2019年2月13日／♂

好奇心旺盛で遊びたがりなずんだ。同じプールで暮らす年の近いジェットや、潜水して掃除をしている飼育員さんにもすぐちょっかいをかけます。なのに隣のペンギンプールで作業をしている人のことはものすごく警戒するのが不思議。

サボりがちでもドヤ顔は一人前

オリーブ

カマイルカ

哺乳綱鯨偶蹄目マイルカ科

2011年9月20日／♀

気分によって目の表情が違うオリーブ。気分屋でも、人なつっこくて憎めない。愛されキャラなのです。

気ままなオリーブは、ショー中でも気が向かないとどこかへお出かけ。それでもまるでジャンプを終えたかのように帰って来て、ドヤ顔でご褒美をおねだり。これにはトレーナーさんも「飛んでへんやん⁉」とツッコミました。

独特な団子状のしっぽが目印。あごに2本の線が入っているのもハマの特徴です。新しいものを見ると大きな目を輝かせます。

日本一言葉を聞き分ける？クリエイティブな天才

トド

哺乳綱食肉目アシカ科
2009年7月21日／♀

ボイスサインという言葉を使ったコミュニケーションで、50語もの単語を聞き分けるハマ。誰のサインでも識別できるので、遠隔地とつなぐリモートショーも開催しました。しかも自分で次々と新技を考えるなど超クリエイティブです。

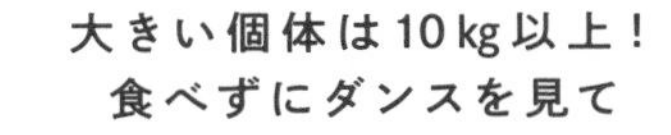

大きい個体は10kg以上！

食べずにダンスを見て

ブリ

硬骨魚綱スズキ目アジ科

「フィッシュダンス」では、フロートに乗ってブリが300匹泳いでいる水槽の真ん中に入り、エサやり体験ができます。ビチビチ跳ねながらエサに集まる姿は迫力満点。クライマックスには時速30km以上で激しく泳ぎます。

ふだんは時速3kmほどで泳いでいますが、ショーの最後にはエサがもらえると知っているので、興奮してスピードアップします。

Category

06

CHUGOKU
中国／四国
SHIKOKU

03 四国水族館
P154

四国の水景をテーマに太平洋や鳴門のうず潮、清流などを再現した展示に注目。「神無月の景」では、アカシュモクザメの圧倒的な臨場感に魅了されます。日本屈指の美しい水景の数々をたっぷり楽しめます。

住所●香川県綾歌郡宇多津町浜一番丁4　**電話**●0877-49-4590　**開館**●9:00～18:00（GW、夏休みは延長営業あり、入館は閉館30分前まで）**休み**●無休　**料金**●小人無料～1300円、大人2400円ほか　**駅**●JR土讃線宇多津駅から徒歩12分　**HP**●https://shikoku-aquarium.jp

04 新屋島水族館
P158

オープンは1969年、標高約300mに立地する山上水族館です。希少なアメリカマナティが見られる他、世界最大級のドーム水槽や、ゼニガタアザラシのプールにある銭型の水槽など珍しい展示が魅力です。

住所●香川県高松市屋島東町1785-1　**電話**●087-841-2678　**開館**●9:00～17:00（入館は閉館30分前まで）**休み**●無休　**料金**●小人無料～700円、大人1200円ほか　**駅**●JR高徳線屋島駅、高松琴平電気鉄道志度線琴電屋島駅から屋島山上シャトルバス、屋島山上バス停下車徒歩6分　**HP**●http://www.new-yashima-aq.com/newYAQ/home/home.html

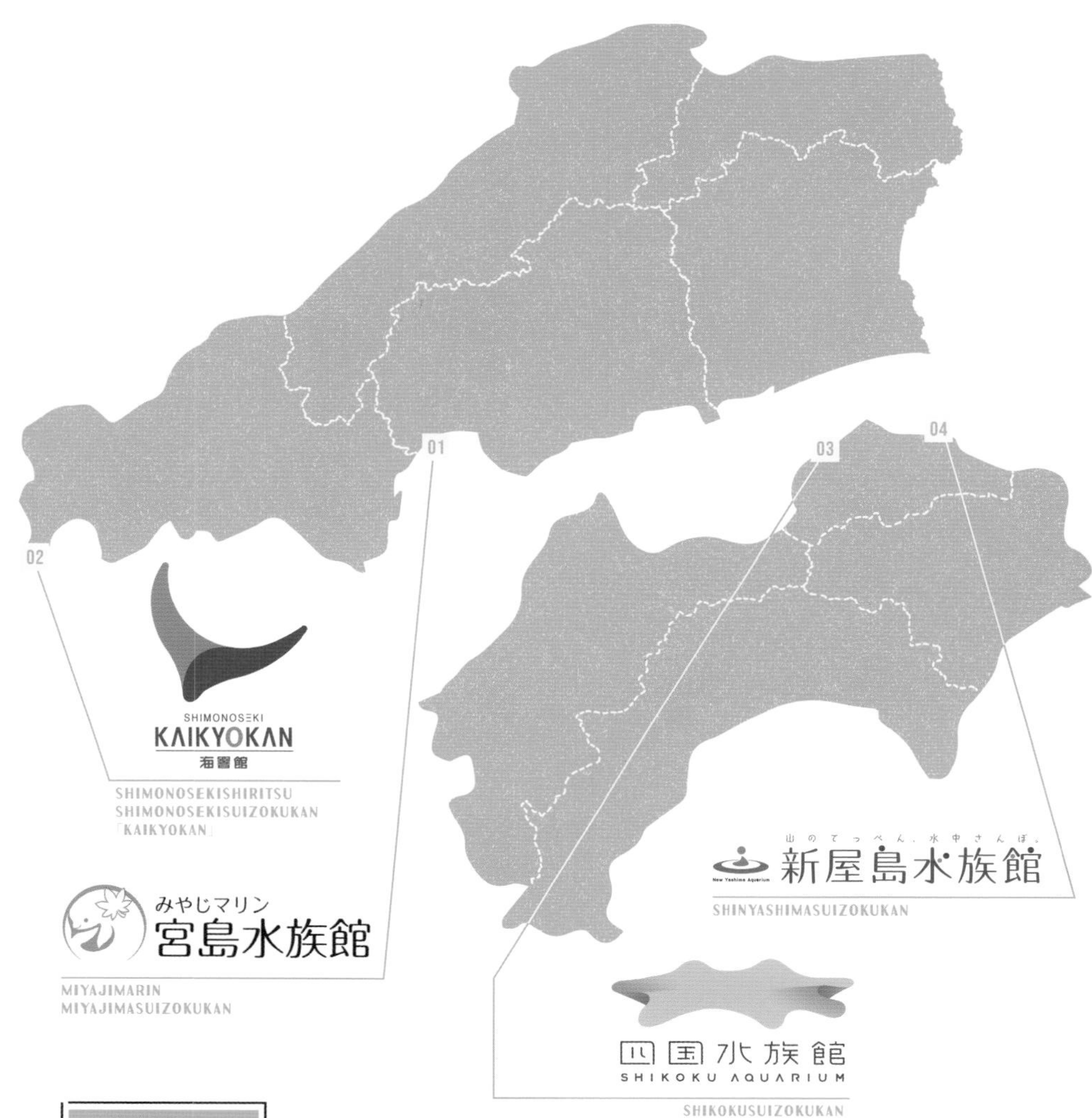

AQUARIUM DATA

01 みやじマリン 宮島水族館

P146

瀬戸内海ゆかりの生きものを中心に展示。同館のシンボルは1981年から展示するスナメリで、現在は「瀬戸内のくじら」エリアで4頭が暮らしています。和風建築の同館は宮島の美しい景観になじみます。

住所●広島県廿日市市宮島町10-3　**電話**●0829-44-2010　**開館**●9:00～17:00（入館は閉館の１時間前まで）　**休み**●無休、臨時休館あり　**料金**●小人無料～710円、大人1420円ほか　**駅**●JR山陽本線宮島口駅・広島電鉄広島線広電宮島口駅宮島口桟橋からJR西日本フェリー・宮島松大汽船、宮島桟橋下船から徒歩25分／タクシー・乗り合いバス10分　**HP**●https://www.miyajima-aqua.jp

02 下関市立しものせき水族館「海響館」

P150

フグが有名な町・下関にある同館は、フグの展示種数世界一を誇ります。国内で数少ないマカロニペンギンや、イルカとアシカの共演ショーも見逃せません。スナメリの調査活動にも力を入れています。

住所●山口県下関市あるかぽーと6-1　**電話**●083-228-1100　**開館**●9:30～17:30（入館は閉館30分前まで）　**休み**●無休　**料金**●小人無料～940円、大人2090円ほか　**駅**●JR山陰本線下関駅からバス、海響館前バス停下車徒歩3分　**HP**●http://www.kaikyokan.com

みやじマリン
宮島水族館
広島県廿日市市

愛されキャラの息子と
優しいパパの家族

イロハ & アラタ

コツメカワウソ

哺乳綱食肉目イタチ科
イロハ▶2008年3月27日／♂
アラタ▶2011年10月27日／♂

鼻の色は個体によっていろいろ。イロハはピンクと焦げ茶が混ざったまだら、写真のアラタは全体的に焦げ茶色です。

前足がとっても器用なコツメカワウソ。1本1本の指がしっかりしており、まるで人間の手のようです。

コツメカワウソの親子、イロハとアラタ。父イロハは、普段はちょっと控えめで優しい性格。一緒に寝ている息子のアラタに枕にされても怒らない、穏やかなお父さんです。

でも、ごはんの時間になると食い意地を発揮してやや主張強めに。自分がスタンバイしていたのとは違う水槽に飼育員さんが現れると、「そっちだったか!」と言うかのようにハッとして、猛スピードでかけ寄ります。エサを食べた後はプールで泳ぐのが定番。気持ちよさそうです。

A イロハが狙いすましてエサをキャッチしに行く瞬間！　水中での素早い動きにも注目です。 B 座ったまま、指を上手に使って、両手でエサを食べるイロハ。小さな爪と大きな水かきが特徴。 C 毎日給餌のスタッフさんと一緒にいろいろな動きをして、口の中の様子や健康状態などをチェック。 D ころーんと転がっているアラタ。安心できる場所ではあおむけでおなかを見せるへそ天ポーズもおなじみです。所在なさげに上げた前足がかわいい。

アラタは2011年のグランドオープン以来、同館で初めて生まれた赤ちゃんでした。新たなスタートを象徴する子として、「アラタ」と命名されたわけです。

自己主張ハッキリ、イロハに気に入らないところがあるとすぐ怒るアラタ。一方で、イロハを追いかけたり、くっついて寝たりする甘えんぼうな面もあります。遊ぶ時も、スタッフが持っているおもちゃには興味を示すのに、いざあげるとすぐ飽きる。でも返すのは嫌な様子。あまのじゃくだけれど、かわいくて憎めません。

イロハ＆アラタ DATA

性格｜イロハは控えめ、アラタは気が強いけど甘えんぼう
特技｜上手に体重計に乗る
好物｜カラフトシシャモのオス
同館オリジナルゼリー

写真提供（p146-149）：みやじマリン宮島水族館

みやじマリン 宮島水族館

キラキラした大きな目がキュートな心愛。体全体が傾いているのがかわいい。発達した背中の筋肉で体のバランスをとります。

A 手前のヨネタローは体重約750kgと、超ヘビー級です。立派な長いヒゲも特徴。口を開けると舌も長いんです。 **B** 目をつぶると、タレ目が強調されて優しいオーラが増す気がします。 **C** 水中に潜って、アクリル越しにお客さんと遊ぶのが好きな心愛。息が続く限り遊んで、息つぎするとまた戻ってきます。 **D** 飼育員さんも毎日触っているというヨネタローのタプタプのあご。気持ちよくて癒やし効果抜群だといいます。

かわいい＆優しい
ほのぼの癒やしコンビ

心愛（ここあ）＆ヨネタロー

トド

哺乳綱食肉目アシカ科
心愛▶2004年7月20日／♀
ヨネタロー▶2001年7月1日／♂

2022年の3月に他施設から引っ越してきた心愛は、すでに多くのお客さんの心を射止めています。魅力のひとつが「女子力高め」と話題の仕草。特にトレーニング中にうなずく仕草が愛らしく、目を合わせてうなずかれたらトキメキが止まりません。

ヨネタローは巨体とは対照的な優しい性格。怒っているところを見たことがありません。好き嫌いはありませんが、大きなホッケを食べたあとはテンションが上がります。

口もとがキュッと上がって、笑っているような顔つきがチャームポイントのミハル。口を開けたところも笑顔に見えます。

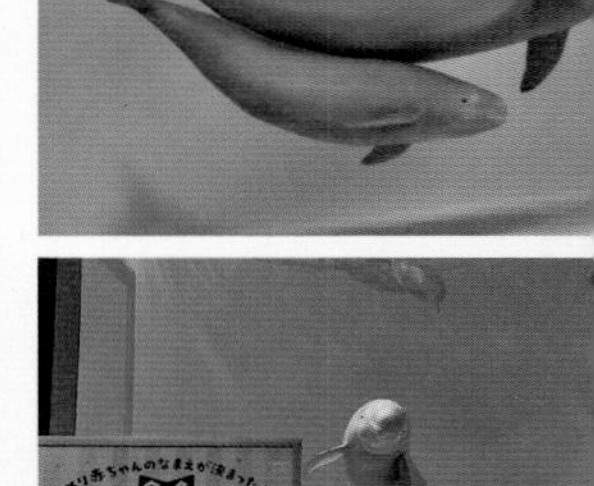

真っ白ボディが魅力のみやじマリンのシンボル

コハル＆ミハル

スナメリ

哺乳綱鯨偶蹄目ネズミイルカ科
コハル▶1997年3月29日／♀
ミハル▶2022年5月3日／♂

コハルは、ぽっちゃり体型で優しい人気者。お客さんにもスナメリからも好かれています。ミハル(下)は同館生まれ。口から水を吹いてスタッフにかけるのが好きです。反応すると面白がってエスカレートしがちなので要注意。

相方は小さなエビ

—

ニセゴイシウツボ

硬骨魚綱ウナギ目
ウツボ科

凶暴な顔つきとドット柄が迫力満点ですが、エサをねだったりエビに体を掃除してもらったりと、かわいい一面も。

第二の顔で見つめて

—

アカエイ

軟骨魚綱トビエイ目
アカエイ科

飼育員さんが近づくとヒレをはためかせエサをねだります。腹側が顔のように見えますが、目のような部分は鼻です。

練習をして少しずつ魚を食べられるようになっていきました。つぶらな瞳がキュート。

A 見上げられたらイチコロ。スタッフさんをトリコにする魅力を持っています。 B 幼さの残る保護された頃のワカ。若松区の漁港で保護されたことから名付けられました。 C スタッフさんに支えられて泳ぎの練習。人間のほうが必死？ D 最初は他のアザラシに驚いて隠れてしまい、なかなかお客さんにご挨拶できなかったけれど、今では堂々としたアイドルです。

保護されて水族館の人気者に

ワカ

ゴマフアザラシ

哺乳綱食肉目アザラシ科
2013年／♀

生後2〜3か月と思われる幼い時に漁港で保護され、同館にやってきたワカ。衰弱が激しかったのですが、スタッフさんたちの懸命なお世話によって元気になり、お披露目されたらたちまちアイドルに。

スタッフさんが求めていることへの理解が早く、すぐにできちゃうタイプ。ただし、これと思うと何度も繰り返してアピールしてくる面も。水槽の擬岩のくぼみに挟まって寝るのがお気に入りで、かわいい反面、お客さんが気付かなくて困ることがあります。

おなかや顔が泥だらけのことが多いバナナ（左）ですが、頑張って掘った巣穴に入り、どことなくドヤ顔に見えなくもない？

A バナナのパートナーは、土をかけられても、いい巣穴を作ってくれるから許しているのかも。 B 野生の生息地を再現した「ペンギン村」の温帯ゾーンには、土を敷き詰めた地面に植えられた植物や波のあるプールなどがあり、自然な行動を見ることができる工夫がされています。 C 巣穴作りの必死さから「パワフルバナナ」と親しみを込めて呼ばれますが、穴掘り以外ではのんびりしています。

穴掘りはおまかせ
両足でパワフルに

バナナ

フンボルトペンギン

鳥綱ペンギン目ペンギン科
2017年12月28日／♂

穴

掘りペンギンと呼ばれるフンボルトペンギンは、繁殖期になると、主にオスが巣穴を作ります。バナナは巣穴作りがとにかくパワフル。両足を交互に使って、ペアのペンギンやスタッフさんに土がかかるのもおかまいなしに、すごい勢いで掘っていきます。当然、巣穴は深く立派に。

だからといって何にでもアグレッシブなわけではなく、性格はどちらかというとマイペース。エサの時間に遅れてのんびりやってくることも。

写真提供（p150-153）：下関市立しものせき水族館「海響館」

天使の輪で みんなを笑顔に

ひびき

スナメリ

哺乳綱偶蹄目ネズミイルカ科

―／♂

優しい目をした愛嬌のある顔立ち。気分次第ではお客さんの目の前にやってくることも。

漁網に絡んだ状態で発見されたひびきは、同館が初めて保護したスナメリです。元気になってからは遊びを交えながらトレーニングを。いまでは「スナメリのプレイングタイム」の顔として、なめらかなジャンプや、輪っか状の泡（バブルリング）づくりを見せてくれます。

パフォーマンスも得意です

ラナ

バンドウイルカ

哺乳綱偶蹄目マイルカ科

―／♀

おっとりマイペースで、他のイルカたちが騒いでいても我関せず。大好きな氷が欲しいと色々な音を出してアピールします。海響館の前身、旧下関水族館から飼育され、スタッフさんと最も長い付き合い。ショーではエネルギッシュなパフォーマンスを見せてくれます。

喉元に近い胸のあたりにハーマークのような模様があるので見つけやすいのです。

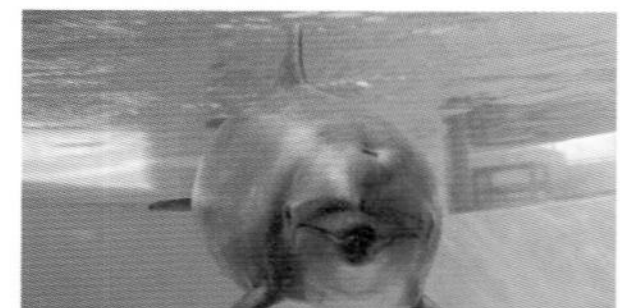

お父さんになりたい

D

ぱく

マカロニペンギン

鳥綱ペンギン目
ペンギン科
2003年11月12日／♂

国内での飼育数が減っているマカロニペンギン。ぱくは貴重なオスとして繁殖成功の期待を背負っています。

実はトゲだらけ

C

—

マンボウ

硬骨魚綱フグ目
マンボウ科

やわらかそうなイメージとは違い、体の表面はトゲのような細かなウロコで覆われ、触るとざらざらなんです。

口から水をピュッ

B

—

ミナミハコフグ

硬骨魚綱フグ目
ハコフグ科

稚魚期は鮮やかな黄色に黒の斑点が美しい。スタッフさんにエサをねだって口から水を吹く姿にキュンです。

一緒に遊びます

A

ライス

ジェンツーペンギン

鳥綱ペンギン目
ペンギン科
2016年6月25日／♂

大きなプールで群泳する「ペンギン大編隊」は見もの。ライスはお客さんと遊ぶこともあります。

A 泳ぎ回る姿を見るなら夕方がチャンス。底のほうにじっとしている姿も味があります。 B エサの準備をしていると上を向いて寄ってきます。エサはアジやバナメイエビ。エサを口の中に吸い込む瞬間、ボッという音が聞こえることがあります。 C エサやりは不定期でゲリラ的に行います。解説も聞けるので訪れた時には注意してみて。

じっとしていても迫力あり

アカメ

条鰭綱スズキ目アカメ科

夜行性で日中は水底でじっとしていることが多いアカメ。日本の固有種で、大きくなると1mほどにも。同館ではブロックや土管を配置し、生息環境を再現した水槽で数匹が暮らしています。エサの時など集団で活発に動き回ると迫力があります。

幼魚の体に見られるしま模様は、大人になると薄れていきます。でもエサを奪い合うなどして興奮すると浮き出てくることも。週に3回のエサやりに遭遇したら観察を。

A シュッと伸びた顔で全体的にスマートな体型です。 B おもちゃで遊ぼうとして、うまくヒレに引っ掛けることができず、激しく水しぶきをあげてバタついていたりと、飼育員さんも思わず笑ってしまうことも。 C 気持ちがよく通じて表情も豊か。エサの後に氷をあげながら遊んでいたら、隣のプールの氷大好きなイルカがうらやましそうにじっと見ていたことも。

遊びは好きだけど とても繊細

―

マダライルカ

哺乳綱偶蹄目マイルカ科

国内でも飼育例が少ないイルカです。飼育員さんが手作りしたおもちゃを胸ビレや背ビレに引っ掛けて泳いだり、くわえて水中に潜ったりと、とても活発な様子が見られます。喜んで遊んでくれるので作りがいがあるのだとか。

一方、トレーナーさんの衣装が変わっただけで落ち着きをなくしてソワソワしたり、頭上を飛んでいる鳥の影に驚くなど繊細な一面も。安心できるよう、しっかりコミュニケーションをとりながら飼育しています。

写真提供（p154-157）：四国水族館

恵比寿様みたいに福々しい

エビスダイ

条鰭綱キンメダイ目イットウダイ科

ウロコがとても硬く、トゲのような突起があります。エサやりは不定期で週に３回。

名前の由来は赤一色の恵比寿様のようなめでたい姿。アジやイカの切り身といったエサを食べる時には、一瞬大きく口を開けて一気に込みます。移動の際、網ですくうとエラにあるトゲが引っかかるので、飼育員さんは水ごとボールですくい上げます。

香魚と呼ばれる風味のよさ

アユ

条鰭綱キュウリウオ目
キュウリウオ科

胸ビレの近くの黄色い斑点が特徴。繁殖期にはオスの体の色が濃いめになることも。

四国の清流の象徴ともいえるアユ。川から海を下り、春から秋にかけてまた戻ってきます。大人になるとコケだけを食べるようになり、そのため風味がいいので食用としても人気。自分の縄張りに入ってきた個体に対しては、体をぶつけて追い出そうとします。

同館の宣伝隊長「しゅこくん」はシュモクザメ。サメのイメージとは違うおとなしい性格ですが、エサの時は別。スピードアップして泳ぎ回り、エサと一緒に水面から底までおりてきてパクリ。水槽を下から見上げるスポットで間近に観察できます。

キャラクターのモデルです

アカシュモクザメ

軟骨魚綱メジロザメ目
シュモクザメ科

身近で不思議な生きもの

四国の海に暮らす様々なクラゲを展示しています。ミズクラゲはポピュラーな種類ですが、その生態にはわかっていないことがたくさん。食事には積極的で、触手でとらえたプランクトンを、体の中心にある口にどんどん集めていきます。

傘の上には四葉のクローバーみた
いな模様が。胃にあたる部分なの
で食べたエサの様子が丸見えです。

ミズクラゲ

鉢虫綱旗口クラゲ目ミズクラゲ科

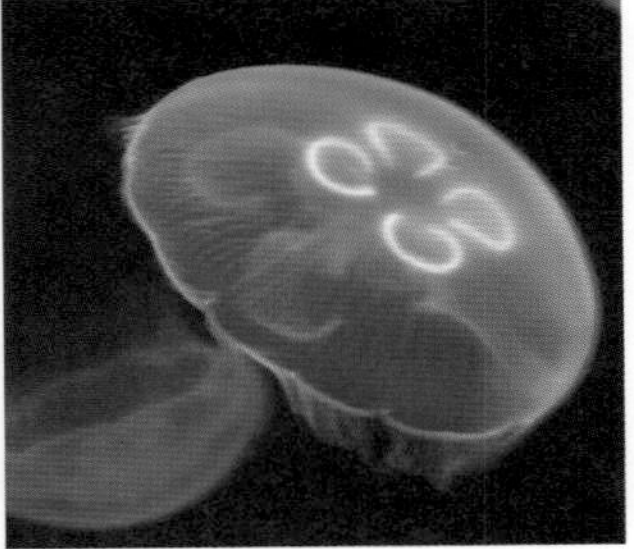

3世代で会いにくるファンも　休日のごはんタイムはおすすめ

ベルグ＆ニール

アメリカマナティ

哺乳綱海牛目マナティ科
ベルグ▶1989年12月15日／♂
ニール▶1992年8月8日／♀

水面に浮いた海草などを食べるため、口はやや上向き。ニールは呼吸前に必ず、口の上に突き出した口吻（こうふん）を小刻みに動かすクセがあります。

人魚のモデルになったことでも知られるマナティは、現在絶滅の危機にひんしています。アメリカマナティは国内でも数頭しかおらず、同館と沖縄の美ら海水族館でしか会うことができません。暖かい海で暮らす動物なので、山の上にあって外気の寒暖差の激しい同館では温度管理に特に気を配っています。

大きな体でゆうゆうと泳ぐ姿も、どっしりと陸上に寝そべる姿も癒やされると、2頭に会いに来てくれるお客さんがたくさんいます。

A

堂々としたニールと、用心深いベルグ。2頭とも水流で遊ぶのが好きなよう。ニールは水槽の吸水口に向かって泳ぎ、ベルグは胸ビレを使って歩くように泳いだり、ぐるぐる回転しながら泳ぐことも。サツマイモが大好きで、水槽に投げ入れた瞬間に探し出してモグモグするのも共通です。休日の10時半からは解説付きのごはんタイム。胸ビレを手のように使ってごはんを食べる様子がとてもかわいらしいと評判なので、この時間を狙って訪れてみては。

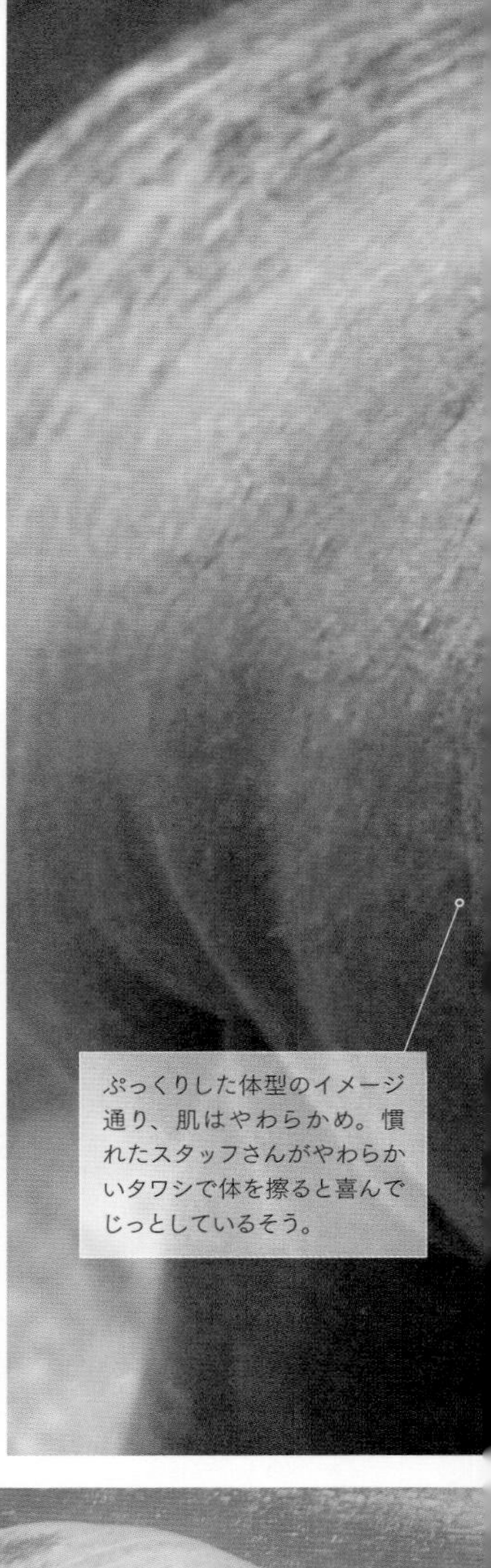

ぷっくりした体型のイメージ通り、肌はやわらかめ。慣れたスタッフさんがやわらかいタワシで体を擦ると喜んでじっとしているそう。

A 口の周りに生えたヒゲのような毛がなんともユーモラス。食事の時は口もとにエサを運び、小さく口を開けて少しずつモグモグします。 **B** ぽっちゃり体型は共通ですが、特にニール（奥）のおなかはわがままボディ。どてっと寝ている姿を見ると、海牛と呼ばれていたのにも納得？ **C** 仰向けに寝たり、泳いだりすることもあるんです。 **D** 担当の飼育員さんが変わると最初はよそよそしい。だんだん慣れると水槽のガラス越しに近づいて挨拶をしてきたり、ベルグは口を見せてきたりします。

D

ベルグ & ニール DATA

性格 | もの覚えがいい
特技 | 飼育員さんへの挨拶
好物 | サツマイモ、レタス

写真提供（p158-161）：新屋島水族館

A 高地の森に住み、危険を感じると体を大きく膨らませて色を変えます。時々植物用のポットに入り、顔だけ出して寝ていることも。 B 昆虫などを主に食べる雑食性。舌の長さは体長の2倍ほどもあります。 C 無表情のようですが、飼育員さんを見分けている様子も。エサがあっても慣れない人には警戒が強め。

優雅な烏帽子姿でエサにアタック

エボシカメレオン

爬虫綱有鱗目カメレオン科

―／♂

中東のイエメンに生息し、気分や体調によって色を変えます。頭の上の突き出た部分は、まさに烏帽子のよう。2日に1度（不定期）のエサやりでは、長い舌でエサを絡め取る様子を目撃できるかも。ふだんはあまり近くにこないけれど、エサの時は一目散にやってきて、手のひらまで乗ってくるという、食いしんぼうのちゃっかり者です。時々エサやりスタッフさんの手をエサと勘違いして、舌でアタックしてくるのだとか。

ぽちゃぽちゃボディがアピールポイント。陸に上がった時が観察のチャンスです。

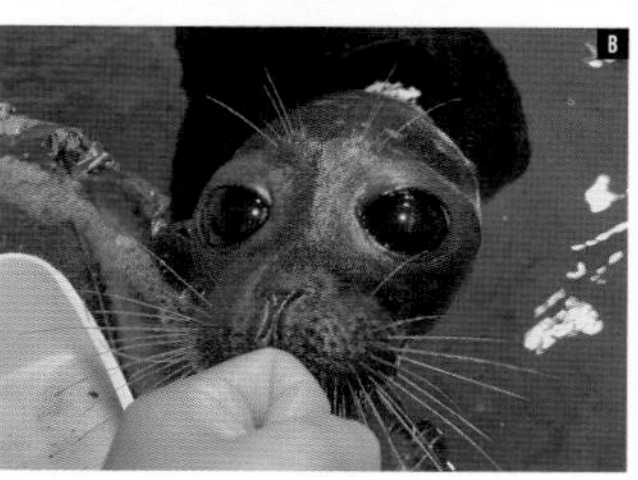

A つぶらな瞳に吸い込まれそう。世界で最も深いロシアのバイカル湖に住むため、体に脂肪をためて防寒対策はバッチリ。 B 眉毛もヒゲも長くてピンピン。ごはんの時にも用心深さを発揮します。 C アザラシの中でも小さめですが深く長く潜水することができます。

くるくる回る
ぽちゃぽちゃボディ

くるり

バイカルアザラシ

哺乳綱食肉目アザラシ科
2016年2月／♀

くるくる回るのが得意なくるり。慣れないものが苦手で、新人の飼育員さんに近づくまで8か月もかかったほど。慣れた後でも服や時計を新しくすると、まんまるの目を大きく見開きビクビクして、なかなか側に来ないそうです。

一緒にショーに出演する吐夢(とむ)に握手のサインを出すと、次は自分の番であることを理解して、サインの前に手を差し出してきます。その仕草がとてもキュートなので、ショーではお見逃しなく。

Category

07

KYUSYU

九州／沖縄

OKINAWA

04 長崎ペンギン水族館

P176

8種類約160羽のペンギンを飼育する同館では、特徴の異なる様々なペンギンを観察できます。土日祝日に開催する「ふれあいペンギンビーチ」は、ペンギンが自然の海を泳ぐ姿を見ることができる人気イベントです。

住所●長崎県長崎市宿町3-16　**電話**●095-838-3131　**開館**●9:00～17:00　**休み**●無休　**料金**●小人無料～310円、大人520円ほか　**駅**●JR長崎本線長崎駅・長崎電機軌道各線長崎駅前停留場から長崎県営バス、ペンギン水族館前バス停下車徒歩8分　**HP**●https://penguin-aqua.jp

05 いおワールド かごしま水族館

P180

桜島を眼前に望む九州最大級の水族館。注目は錦江湾とつながった水路で自由に泳ぐハンドウイルカや、大水槽を遊泳するジンベエザメ。謎多きウミウシの生態の解明・研究を行う「うみうし研究所」があります。

住所●鹿児島県鹿児島市本港新町3-1　**電話**●099-226-2233　**開館**●9:30～18:00（入館は閉館1時間前まで）　**休み**●12月の第1月から4日間　**料金**●小人無料～750円、大人1500円ほか　**駅**●JR各線鹿児島中央駅から鹿児島交通バス、水族館前（桜島桟橋）バス停下車徒歩すぐ　**HP**●https://ioworld.jp

06 国営沖縄記念公園（海洋博公園）・沖縄美ら海水族館

P184

海洋博公園の敷地内にあり、沖縄近海に生息する生きものを約740種展示しています。ブラックマンタを含むナンヨウマンタ4匹や、世界最長飼育記録（28年）を更新中のジンベエザメ1匹を展示しています。

住所●沖縄県国頭郡本部町石川424　**電話**●0980-48-3748　**開館**●通常期／8:30～18:30（入館は閉館1時間前まで）繁忙期／HPを確認　**休み**●HPを確認　**料金**●HPを確認　**駅**●那覇空港から各社路線バス、記念公園前バス停下車徒歩7分　**HP**●https://churaumi.okinawa

07 DMMかりゆし水族館

P188

音や光、映像を使った館内の演出の工夫が、生き物の美しさと自然の魅力をひき立てています。クラゲの展示をより幻想的に見せる色鮮やかな光、映像と調和した「常緑の森」など、大自然に迷い込む感覚を味わえます。

住所●沖縄県豊見城市豊崎3-35　**電話**●なし　**開館**●9:00～21:00（入館は閉館90分前まで）※変動あり。HPを確認　**休み**●なし　**料金**●HPを確認　**駅**●那覇空港から東京バス・那覇バス、イーアス沖縄豊崎下車すぐ　**HP**●https://kariyushi-aquarium.com

07

DMM
かりゆし水族館

DMM KARIYUSHI SUIZOKUKAN

AQUARIUM DATA

01 マリンワールド海の中道

P164

志賀島と九州本土をつなぐ砂州、海の中道に立地。「九州の海」をテーマに350種3万点の生きものを飼育展示し、ラッコや国内最長飼育記録を更新中のコビレゴンドウ、スナメリなどに会えます。

住所●福岡県福岡市東区大字西戸崎18-28　**電話**●092-603-0400　**開館**●9:30～17:30（入館は閉館1時間前まで）　**休み**●2月の第1月とその翌日　**料金**●3歳から有料、大人2500円ほか　**駅**●JR香椎線海ノ中道駅から徒歩5分　**HP**●https://marine-world.jp

02 大分マリーンパレス水族館「うみたまご」

P168

「動物となかよくなる」がコンセプトの同館では、セイウチの「みー」やモモイロペリカンの「すずめ」が出演する「うみたまパフォーマンス」が人気。国内で唯一飼育するハセイルカを目当てに訪れるお客さまも。

住所●大分県大分市高崎山下海岸　**電話**●097-534-1010　**開館**●9:00～17:00（入館は閉館30分前まで）　**休み**●年3日程度　**料金**●小人無料～1300円、大人2600円ほか　**駅**●JR日豊本線大分駅・別府駅から大分交通バス、高崎山バス停下車徒歩1分　**HP**●https://www.umitamago.jp

03 九十九島水族館海きらら

P172

九十九島の海の生きものたちを紹介する水族館。自然光が射し込む大水槽や日本で唯一の大技を披露するイルカたち、九十九島周辺で確認された希少なクラゲも展示するクラゲコーナーなど見どころがいっぱい。

住所●長崎県佐世保市鹿子前町1008　**電話**●0956-28-4187　**開館**●3～10月／9:00～18:00、11～2月／～17:00（入館は閉館30分前まで）　**休み**●無休　**料金**●小人無料～730円、大人1470円ほか　**駅**●JR佐世保線・松浦鉄道西九州線佐世保駅から西肥バス、パールシーリゾート・九十九島水族館バス停下車すぐ　**HP**●https://umikirara.jp

自慢の運動能力でダイナミックなジャンプを披露するマロンですが、口先でフラフープを回すパフォーマンスが少々苦手。他のイルカたちに比べて顔が丸っこく、フープを引っ掛けにくいからです。

一生懸命回したフープがすっぽ抜けて、客席まで飛んで行ってしまったこともありました。お客さんからは大歓声ですが、マロンはフープがどこかわからずウロウロ……。かっこいいジャンプ姿とはギャップがあるマロンでした。

A

味をひかれることがあると、夢中になってしまってまわりが見えなくなる面もあり、トレーナーさんたちを困らせることも。

弟のハルが誕生した時は、母親のサポート役として出産に立ち会いました。でも弟の存在に驚いてしまったのか戸惑ってアタフタ。なかなか一緒に泳ぐことができませんでした。しかも、弟がお母さんのお乳を飲み始めたらマロンもお乳を飲み始め……。10年以上前の赤ちゃんの頃のことを思い出していたのでしょうか。

A ちょっぴり人見知りのマロンは、みんなと別行動が多め。ハッピー以外と一緒に泳ぐことはあまりありません。 **B** クリクリの丸い目で子どもっぽく見られがちなマロンですが、弟のハルが生まれてからはお姉さんらしく落ち着いてきました。 **C** ジャンプ力が自慢で尾ビレの力も強く、立ち泳ぎ姿もカッコいい。

マロン DATA

性格｜人見知り
特技｜ジャンプ

写真提供（p164-167）：マリンワールド海の中道

大きくて真っ黒い鼻がチャームポイント。平日お昼の食事タイムには、得意技のハイタッチなどを披露してくれます。

A 国内での飼育は数頭のみ。リロは食にこだわりがあり。スルメイカと二枚貝（ホタテなど）しかお気に召しません。 B ちょこんとのせてくれる小さな手には、厚い肉球があります。ラッコの暮らすエリアでは少しでも寒暖差を感じられるよう、室温や水温、日照時間を季節に応じて調整しています。 C 輪っか状のおもちゃが大好きで、渡すとテンション急上昇！　無理に回収しようとすると、飼育員さんを追いかけまわします。

ゴキゲンもフキゲンも
結局かわいいからOK

リロ

ラッコ

哺乳綱食肉目イタチ科
2007年3月30日／♂

真面目で穏やかな性格のリロ。スタッフにも心を許しているからか、ラッコプールに人がいる状態でもお昼寝をします。なぜかよくある寝姿は、水に浮きながら三角コーンを抱いた姿勢です。

そんなリロにも、スタッフの合図を無視したり、アクリルガラスをバンバン叩いたりするご機嫌ナナメな日もあります。でもその様子も、駄々をこねる子どものようで愛おしく見えちゃう。真面目でも、寝ていても、怒っていても愛らしいのです。

スピンジャンプは必見

D

ユキ

コビレゴンドウ

哺乳綱鯨偶蹄目
マイルカ科
—／♀

大きな体で繰り出す技はインパクト抜群。呼吸のときに噴気孔から出す音は鼻歌を歌っているよう。

ぷよぷよでぽよぽよ

C

—

コクテンフグ

硬骨魚綱フグ目
フグ科

フグは危険を感じると水を飲みこんで膨らみます。皮がやわらかく、膨らむと水風船のようにぽよんぽよんに。

エサやり中に体当たり

B

—

ドチザメ

軟骨魚綱メジロザメ目
ドチザメ科

ギロリとした目が印象的。砂の上でじっと休み、活発に泳ぎ回りとオンオフの切り替えが上手です。

ボールの扱いがうまい

A

ミク

スナメリ

哺乳綱クジラ目
ネズミイルカ科
—／♀

おもちゃで遊ぶのが大好き。ボールをヘディングシュートのように飛ばすのはミクだけの得意技です。

きゃべつの特技であるにっこり笑顔。見られたら幸せなことが起こるかも？　ふくらんだ鼻もお茶目です。

ムチムチボディは脂肪だけでなくムキムキの筋肉のたまもの。

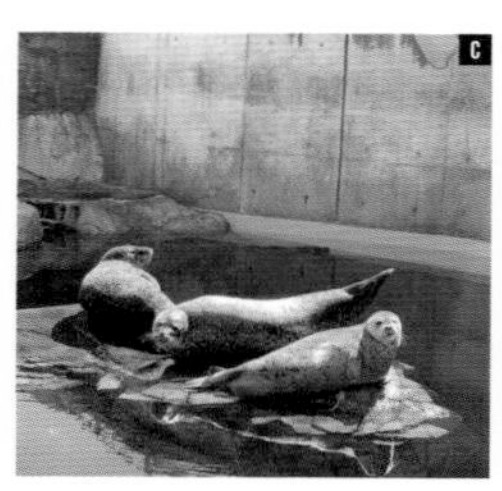

A 同館のゴマフアザラシたちは癒し系。お客さんの近くにくることもある1日2回のごはんタイムは、間近に見られるチャンスです。 B 立ち泳ぎで浮かんでいるところで目が合うと、なんだか視線を外しにくい。思わずじっと見つめ合ってしまいます。水面に顔を出してスムーズに泳ぐ姿はとてもしなやか。 C いつも一緒に暮らしていますが、したいことはみんなバラバラ。ひなたぼっこはみんな大好きで、日が当たる場所に並んでゴロゴロしています。

幸せ送るにっこり笑顔 バンザイだって得意

わさび & きゃべつ & とまと & せろり & おくら

ゴマフアザラシ

ほ乳綱食肉目鰭脚亜目アザラシ科

わさび▶推定10歳／♂　きゃべつ▶推定10歳／♂
とまと▶推定９歳／♀　せろり▶推定10歳／♀
おくら▶推定10歳／♀

うみたまごのゴマフアザラシには、野菜の名前がつけられています。濃いめのゴマ柄のわさび、鼻の穴をよく膨らませるイケメンのきゃべつ、丸顔で体長短めなとまと、ムチムチボディで小顔のせろり、目がくりくりで細長い体のおくらです。それぞれ特徴のある子ばかりなので、ぜひ見分けてみてください。

出産シーズンは３〜４月。赤ちゃんのかわいい寝相や、大人の真似をして一生懸命にエサをねだる姿など、癒やされる光景が見られます。

A かわいいあっかんべーは長い舌のたまもの。ひとたび口を開けると鋭い歯が並んでいて、魚をグイグイ食べます。 **B** メスのチロルに抱きついて一緒に寝ています。ビスコはチロルが大好き。でもチロルはちょっと微妙な様子。オスのほうが黒っぽくて、個体ごとに違う模様がうっすら。 **C** ビスコはこのおじさんのような座り姿がトレードマーク。なんともいえない安定感があります。

座る姿はおじさん
長い舌であっかんべー

ビスコ

ハイイロアザラシ

食肉目鰭脚亜目アザラシ科
推定20歳／♂

寄りかかれるところがあると、そこに腰かけてしまうビスコ。どっしりと落ち着いていますが、時折ビックリして大きな瞳をキョロキョロ動かして見回す警戒心の強いかわいい一面も。

国内の水族館でハイイロアザラシを見学できるのは数館のみ。ビスコは片想い中で、発情期はメスのチロルにアプローチを毎日行う姿が見られます。熱烈アタックするビスコの恋が実るのを一緒に見守ってはいかがでしょうか。

写真提供（p168-171）：大分マリーンパレス水族館うみたまご

陽気なお母さんは人気者

レイ

ミナミアメリカオットセイ

食肉目鰭脚類
アシカ科
—／♀

体が大きく、ボテボテと歩く姿がかわいいレイ。好奇心旺盛でパフォーマンスが始まるギリギリまでイルカと遊んでいることも。

積極的にスキンシップ

ハルカ & カナタ

ハセイルカ

哺乳綱鯨偶蹄目
マイルカ科
ハルカ▶—／♀
カナタ▶—／♂

大分沿岸で見られますが飼育例は希少。細長いクチバシと砂時計を横倒しにしたような体側の模様が見分け方のポイント。ハセイルカのパフォーマンスも開催中です。

立派なキバと口もとをおおうようなヒゲがユーモラス。大きな体でおっとりしていますが、繊細な心の持ち主です。

歌に合わせて踊ったり
芸達者な三姉妹

泉&みー&ぶぶ

セイウチ

哺乳綱食肉目セイウチ科
セイウチ属
泉▶推定17歳／♀
みー▶推定21歳／♀
ぶぶ▶推定21歳／♀

芸達者でパフォーマンスに出演することの多いセイウチ。同館でも手遊び歌に合わせて踊ったり、腹筋運動や口笛を披露することも。ふれあいタイムで顔を近づけて鼻息を吹きかけられたら、セイウチ流の挨拶かも？

仲間にちょっかいをかけては追いかけっこを楽しみ、元気そのもののルコですが、母トゥルから生まれた時は羊膜に包まれたまま。羊膜を飼育員さんが破っても自発呼吸がなく、人口呼吸をしてようやく産声を上げました。

ムチムチボディで
愛嬌たっぷり

トゥル＆ルコ

トド

哺乳綱食肉目
アシカ科
トゥル▶2010年6月17日／♀
ルコ▶2021年7月8日／♀

小さくても豊満ボディで元気いっぱい走り回るルコ。家族でもヒゲの生え方がそれぞれ違っておもしろい。

下あごにハートマーク

ケンピ

コツメカワウソ

哺乳類綱食肉目イタチ科
ツメナシカワウソ属
2013年8月27日／♂

得意技は器用な手先を使ったくす玉割り。ひもがうまく持てないところがかわいいポイントなのです。

ふみふみダンスは友好の証

すずめ

モモイロペリカン

鳥綱ペリカン目
ペリカン科
──／♂

繁殖期は、クチバシの根元に立派なコブができます。ひなたぼっこで地面に座り込み、体を小さくして休む姿も。

模様の濃さが違いますが、どちらもクエ。一般的に若いうちは模様が鮮明で、成長すると見えにくくなります。
ぽってりとしたタラコ唇がチャームポイント。なんとなく人間味のある顔立ちです。

九十九島水族館 海きらら

長崎県佐世保市

タラコ唇が忘れられない

クエ

硬骨魚綱スズキ目ハタ科

九州では「アラ」とも呼ばれるクエ。実際の岩を再現した擬岩や底砂を入れるなどの工夫で、近隣の海を表現した「九十九島湾大水槽」で展示されています。

クエは、大きなものでは130㎝ほどにも成長する、九十九島湾大水槽ではかなり大型の魚。水族館を訪れる子どもたちからは、「でっけぇ!!」と歓声があがる人気ぶりです。両手を広げて、水槽越しにクエと大きさ比べをする子どもたちの姿もよく見られます。

大きい体ながら繊細な性格で、環境変化のストレスに敏感。来館当初や、水槽を移動させた時には、エサを食べられない状態に。飼育員さんが根気よく餌付けを続け、今ではただ食べるどころか、飼育員さんから手渡しで食べるようになりました。空腹だと自分から飼育員さんに近寄ることもあります。

分厚い唇と大きな体は圧が強めですが、よく見るとちょっと開きっぱなしの口やつぶらな瞳がキュート。ゆったり泳ぐ姿を見ていると時間を忘れてしまいそう。

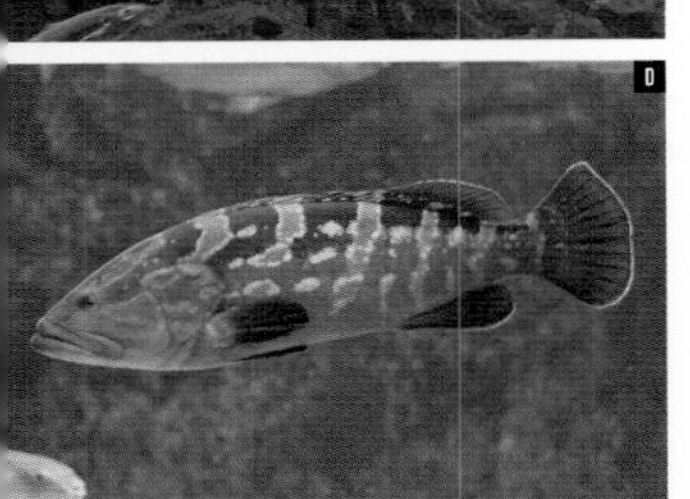

A 産卵の準備ができたメス（手前）は、黒っぽい妊娠色に変化します。**B** 岩の間の狭い空間でじっとしている時間も長いです。**C** 大きくてずんぐりむっくりのフォルムが癒やし系。泳ぎ方はゆったりで、見ていて落ち着きます。**D** まだ若い個体。クエは性転換をする魚で、最初はみんなメスとして生まれ、体の大きい個体が途中でオスに転換します。

クエが暮らす「九十九島湾大水槽」は屋外型水槽なので、自然に近い明るさで観察できます。火・木・土の 14 時から開催されるパクパクウォッチング、日曜日以外の11時からの潜水給餌では手からエサを食べることも。

DATA

性格｜繊細
特技｜スタッフさんの手からエサを食べる
好物｜アジ、イワシ

写真提供（p172-175）：九十九島水族館海きらら

海きららが日本の名付け親

ホシヤスジクラゲ

ヒドロ虫綱軟クラゲ目ワタゲクラゲ科

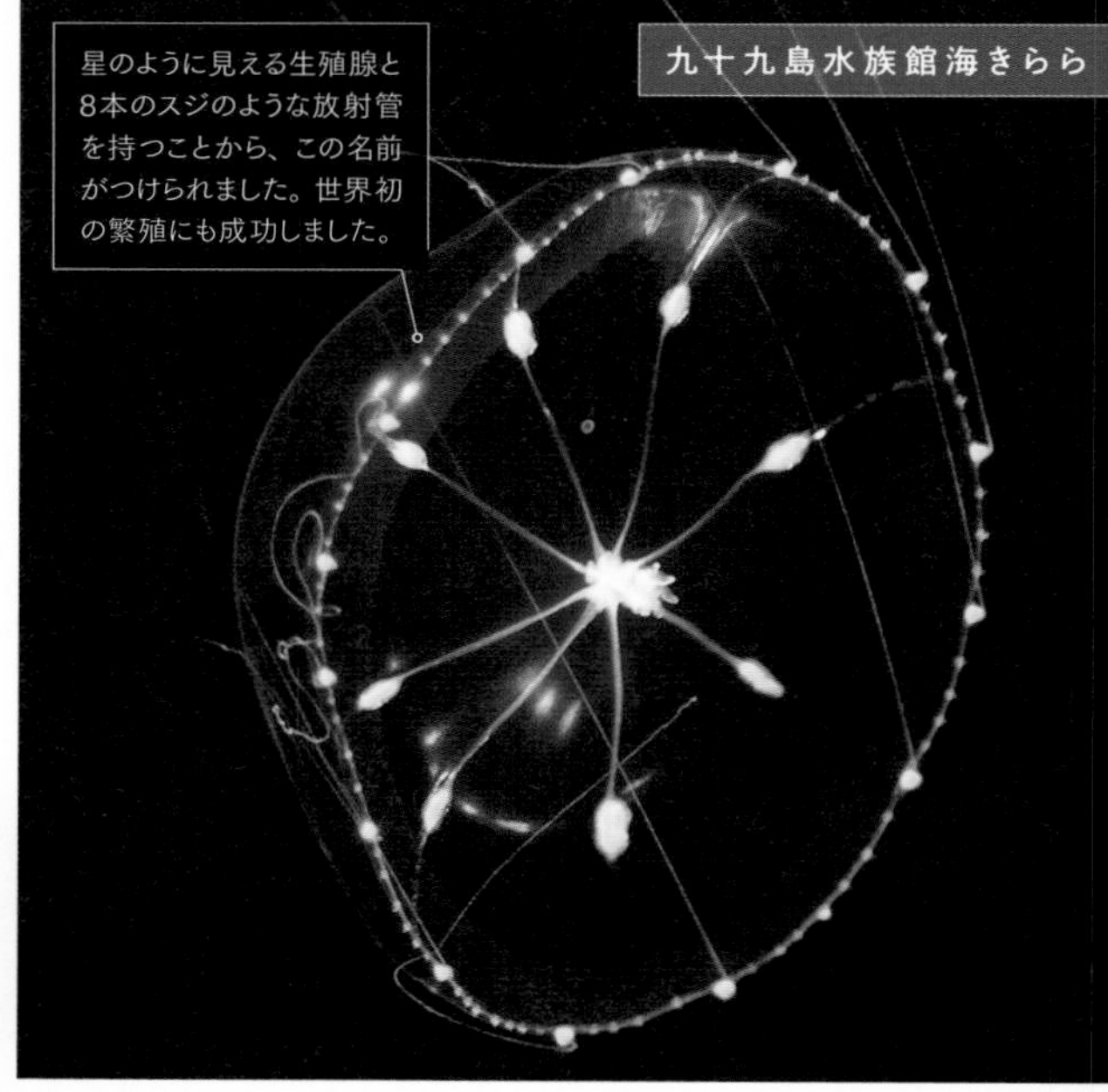

星のように見える生殖腺と8本のスジのような放射管を持つことから、この名前がつけられました。世界初の繁殖にも成功しました。

2010年3月に長崎で採集されたクラゲ。日本で初めて確認されたため当時はまだ和名がない状態でした。同館と京都大学の共同研究により「ホシヤスジクラゲ」という和名を決定しました。

性格に合わせて名付けられました

のびた&しずか&ジャイアン

アオウミガメ

爬虫綱カメ目ウミガメ科

のびた▶年齢不明／♂

しずか・ジャイアン▶年齢不明／♀

しっぽが長いのがオスの特徴。ちょっと臆病なのびたは、ジャイアンにエサを横取りされてしまうこともしばしば……。

エサを持った飼育員さんに近寄ろうとするあまり、岩場に上がって身動きがとれなくなってしまうことも。昼寝も好きで、それぞれのお気に入りの場所があります。不思議な体勢やかわいい姿になっていることも多いので探してみて。

大人はオスとメスでつくりが異なり、つがいでくっつきやすい形になっています。赤ちゃんの時は小さく白っぽい。

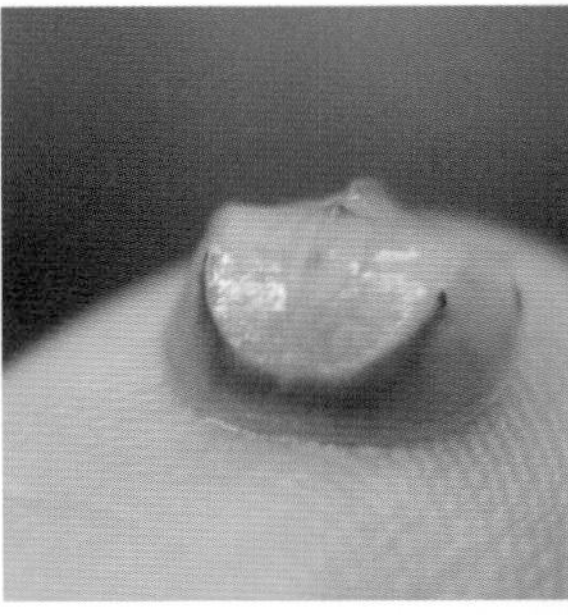

館内で繁殖を行っているので幼生から大人までの姿が見られます。脱皮のたびに体が約3割大きくなるものの、命を落とすこともあるカブトガニ。小さな赤ちゃんも、命がけの脱皮を繰り返して成長します。

「生きた化石」の生命力に触れる

一

カブトガニ

節口綱カブトガニ目
カブトガニ科

日本初イルカ同士の ジャンピングキャッチボール

ボール遊びが好きな２頭。お客さんとのキャッチボールはお手のものですが、イルカ同士でもキャッチボールをします。これは珍しい大技！　飼育員さんの手作りゼリーも大好きで、待ちきれずステージに飛び乗ってきます。

ナミ & ニーハ

ハンドウイルカ

哺乳綱偶蹄目マイルカ科
ナミ▶推定18歳／♀
ニーハ▶推定18歳／♀

吻先が白いのがナミ、黒っぽいのがニーハ（下奥）。キャッチボールでは、互いに水中で合図を出して連携を図っています。

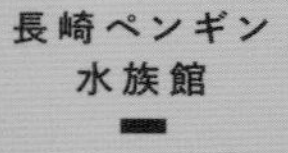

A 潜水が得意で深さ200m 以上、時間にして7、8分も潜っていられます。 B 担当になった飼育員さんは、エサやりをマスターしなければなりません。それぞれの個体の好みの食べ方を把握しているのです。 C 泳ぐ時と食事の時以外は動きはのんびり。大きな体で、性格も行動もゆったりしています。

おおらかな性格だけれど
エサの食べ方にはこだわる

キングペンギン

鳥綱ペンギン目ペンギン科

体長1mほど、体重は10kg以上になり、同館にいるペンギンでは最大。オウサマペンギンとも呼ばれます。群れで暮らし縄張り意識が強めです。

同館には十数羽のオウサマペンギンがいますが、個性豊かで観察するのが楽しい。でも飼育員さんは大変です。エサの食べ方もそれぞれ違い、エサの魚の向きや角度に好みがあるからです。お客さんのほうを向いて一列に並んでいることが多いので「写真が撮りやすい」との声も多いとか。

A 他のペンギンをかまっていると突っついてくることも。ヤキモチというよりは、かまってアピールのよう。 B 巣は高い岩の上。野生ではオキアミを主食にしています。 C 黒い背中に真っ白なおなかで、ペンギンのイメージ通りのカラーリング。足はピンクです。

巣材の岩はちょっと拝借 ツンデレのいたずらっ子

ヒゲペンギン

鳥綱ペンギン目ペンギン科

南 極周辺の海に住む中型のペンギンは、ヒゲのように見えるあご下のラインが最大の特徴です。英名の「Chinstrap」も帽子やヘルメットのあごひもの意味。

同館にいるヒゲペンギンはみんないらずら好き。飼育員さんを見ると突っついてくるけれど、触ろうとするとヒョイと逃げる。そんなあまのじゃくな行動も遊び気分なのかも。繁殖期には巣を作るための石を、ジェンツーペンギンの巣から上手にくすね、クチバシで運んできます。

写真提供（p176-179）：長崎ペンギン水族館

小さくても気は強い お客さんを観察も

キタイワトビペンギン

鳥綱ペンギン目ペンギン科

頭の黄色い飾り羽がいかめしい雰囲気。高い岩場の上が好きで、両足飛びで移動します。

南極周辺に生息するため、気温が9℃前後に保たれた室内で暮らしています。エサのマアジをあげるタイミングが遅くなると、鳴いて主張したり、飼育員さんの手をかんだり。フリッパー（羽）ではたかれると、かなり痛いのだとか。

好奇心旺盛でお客さんとも遊びたがる

フンボルトペンギン

鳥綱ペンギン目
ペンギン科

胸の白黒ラインと、クチバシの付け根のピンク色が目印です。

多くのペンギンと同じように高いところが好きで、登る用ではない岩まで登っていってしまうことも。60羽以上いるので個性もいろいろ。好奇心旺盛でアクリル越しにお客さんと遊ぶ、サービス精神たっぷりの個体もいます。

前傾姿勢でチョコチョコ歩き。背中には青みがかかっています。

小さいけれど丈夫です

コガタペンギン

鳥綱ペンギン目
ペンギン科

お客さんから「ちっちゃい」と声が掛かる世界最小のペンギン。生息地の砂浜を再現した飼育場に暮らし、エサはマアジとキビナゴ。小さい体ですが、鳴き声は大きいんです。

世界最大級だけど
草食で少食

全長 3m を超えることもある世界最大級の淡水魚。体に似合わぬのんびりと穏やかな性格で草食です。飼育員さんの合図でエサ場に寄ってきて、エサを投げ込むと個体によって吸い込んで食べたり、落ちたエサを拾い食いしたり。

コワモテと思われがちですが口の形をよく見るとやわらかそうでユーモラスな感じ。

メコンオオナマズ

条鰭綱ナマズ目パンガシウス科

本物の海で
パフォーマンス

ラスター

ハンドウイルカ

哺乳綱偶蹄目マイルカ科
推定32歳／♂

同館には国内で唯一、外の海と水族館のプールをつなげた施設「イルカ水路」があります。イルカは、自由時間に館内とイルカ水路を自分で選んで行き来できるシステム。自由に遊ぶ姿や、パフォーマンスイベント「青空イルカウォッチング」が無料で見られるとあって人気です。青空イルカウォッチングは、トレーナーさんが姿を見せずに行われるため、まるで海で野生のイルカに出会ったかのようなダイナミックさにワクワクさせられます。

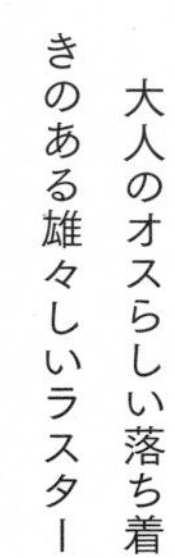

ラスターは開館当初から飼育されているベテラン。かつては幼くてメスに相手にされていませんでしたが、今では立派に成長し、4頭の子どもの父親になりました。

大人のオスらしい落ち着きのある雄々しいラスターは優位な存在。息子ラスキーのこともオスとして意識しており、ケンカしてやっつけてしまうほど威厳たっぷりです。

特技は、イルカ水路でスタッフのボートの波に乗って泳ぐこと。スイスイ泳ぐ姿はスピード感満点！

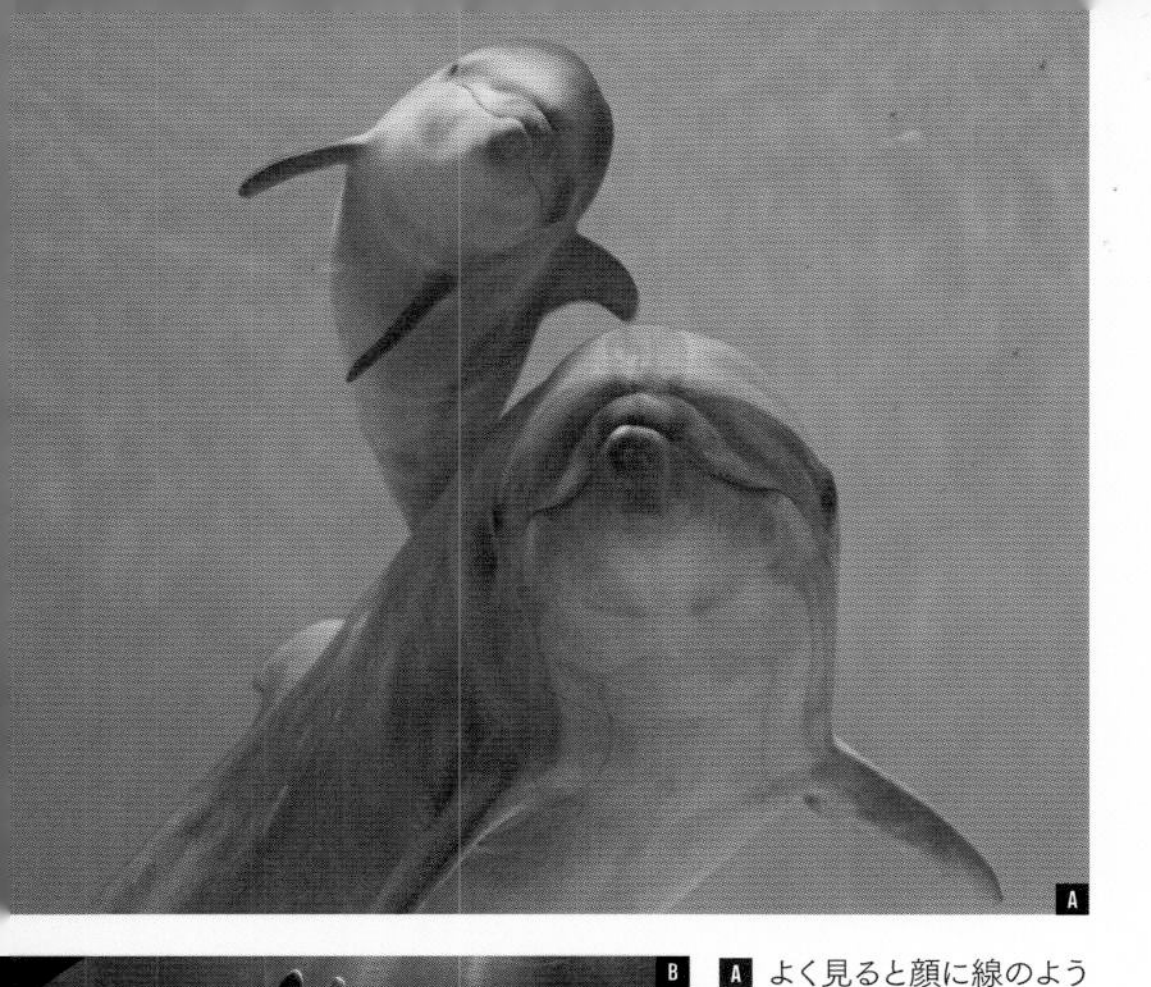

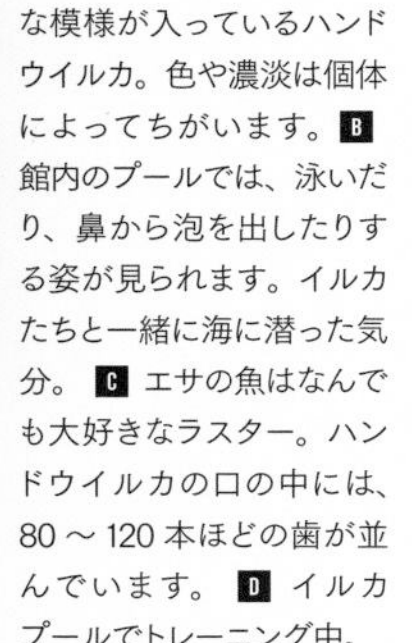

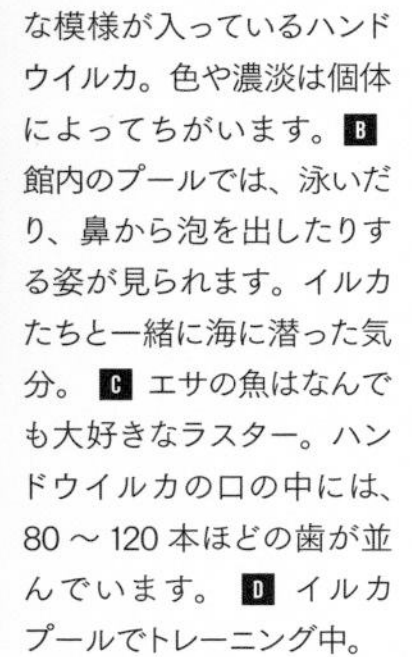

A よく見ると顔に線のような模様が入っているハンドウイルカ。色や濃淡は個体によってちがいます。B 館内のプールでは、泳いだり、鼻から泡を出したりする姿が見られます。イルカたちと一緒に海に潜った気分。C エサの魚はなんでも大好きなラスター。ハンドウイルカの口の中には、80 ～ 120 本ほどの歯が並んでいます。D イルカプールでトレーニング中。

夜間や悪天候時には館内に、それ以外はイルカ水路と自由に行き来できます。イルカ水路では魚を追いかけて遊ぶなど、知的好奇心をくすぐる刺激があります。

ラスター DATA

- 性格｜落ち着いていて雄々しい
- 特技｜波乗り
- 好物｜エサの魚はなんでも

写真提供（p180-183）：いおワールドかごしま水族館

A 黒潮大水槽は、縦13m、横25m、深さ5m。この中で十分に泳げる大きさまでジンベエザメを飼育して、その後海にかえします。 B エサの時間。アミやオキアミなどを混ぜたエサを1日6kgほど食べます。 C 小さな魚を伴って来るため、大漁の福音として「エビスザメ」と呼ばれることも。水槽でもしばしば他の魚をひきつれて泳いでいます。

鹿児島の海にやってきて いつかは海にかえります

ユウユウ

(10代目)

ジンベエザメ

軟骨魚綱テンジクザメ目ジンベエザメ科

—／♂

現在、同館で会えるのは、10代目ユウユウ。鹿児島県内の定置網に入網する小型のジンベエザメを飼育し、その後、全長5・5mになる前に海へかえす方法で、個体を入れ替えながら展示を行っています。「鹿児島の海には地球でいちばん大きな魚がやってくる」という驚きを伝えるために調査・工夫を重ねて実現したこの展示。2代目は放流後に愛媛の湾内に迷いこんでしまい、エサで誘導して外海にかえすことができた、などエピソードがいっぱいです。

美しい姿から「海の宝石」と称されるウミウシ。展示する「うみうし研究所」はさながら展覧会です。光ったり毒化したり光合成したり水槽の壁をよじ登ったり。うねうね泳いだり。とにかく多種多様で見飽きません。

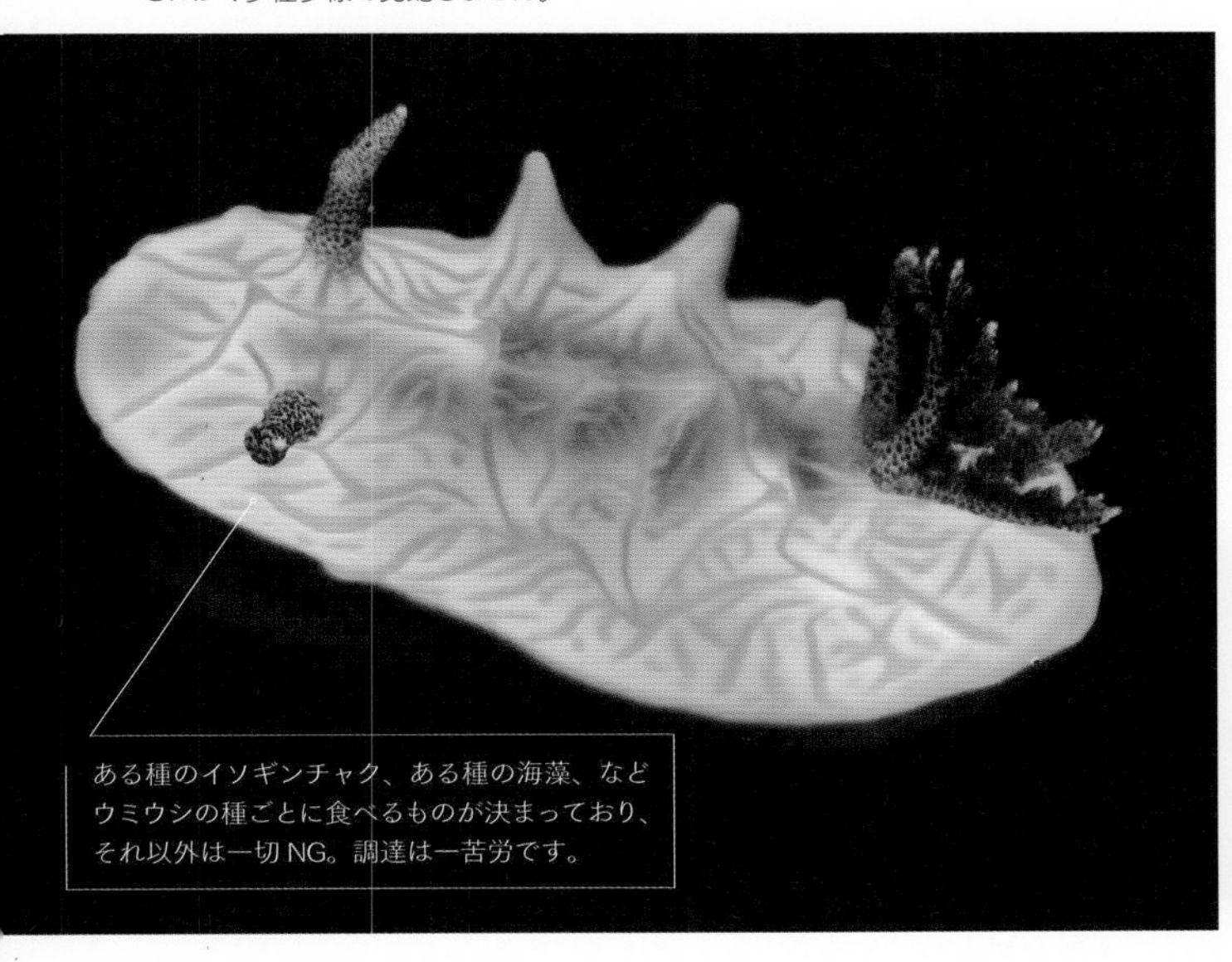

ある種のイソギンチャク、ある種の海藻、などウミウシの種ごとに食べるものが決まっており、それ以外は一切NG。調達は一苦労です。

食にこだわる
ゴージャスな「海の宝石」

—

ウミウシの仲間

腹足綱
0歳（ほとんどのウミウシは寿命が1年未満）／雌雄同体

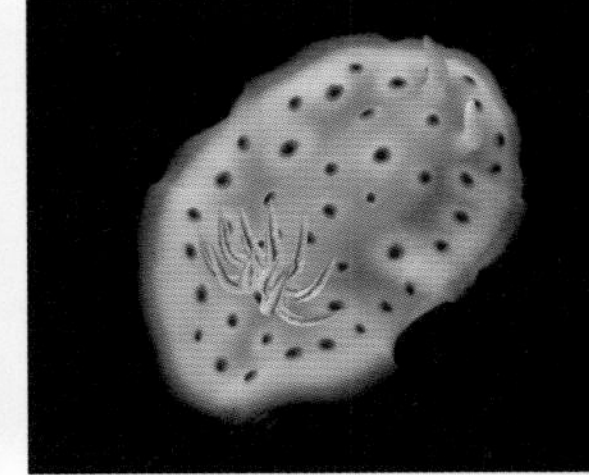

新種で子どもも生まれた！

—

モノノケトンガリ
サカタザメ

軟骨魚綱ノコギリエイ目
シノノメサカタザメ科

20年以上サカタザメとして展示していた魚が新種と判明。しかも子どもも発見！　幼魚の展示は日本初です。

長さを予想してみよう

—

チンアナゴ

硬骨魚綱ウナギ目
アナゴ科

臆病で理由がないと巣穴から出てきません。５つある黒い斑点の上から５個目が体の長さの半分にあたります。

国営沖縄記念公園（海洋博公園）・沖縄美ら海水族館

沖縄県国頭郡

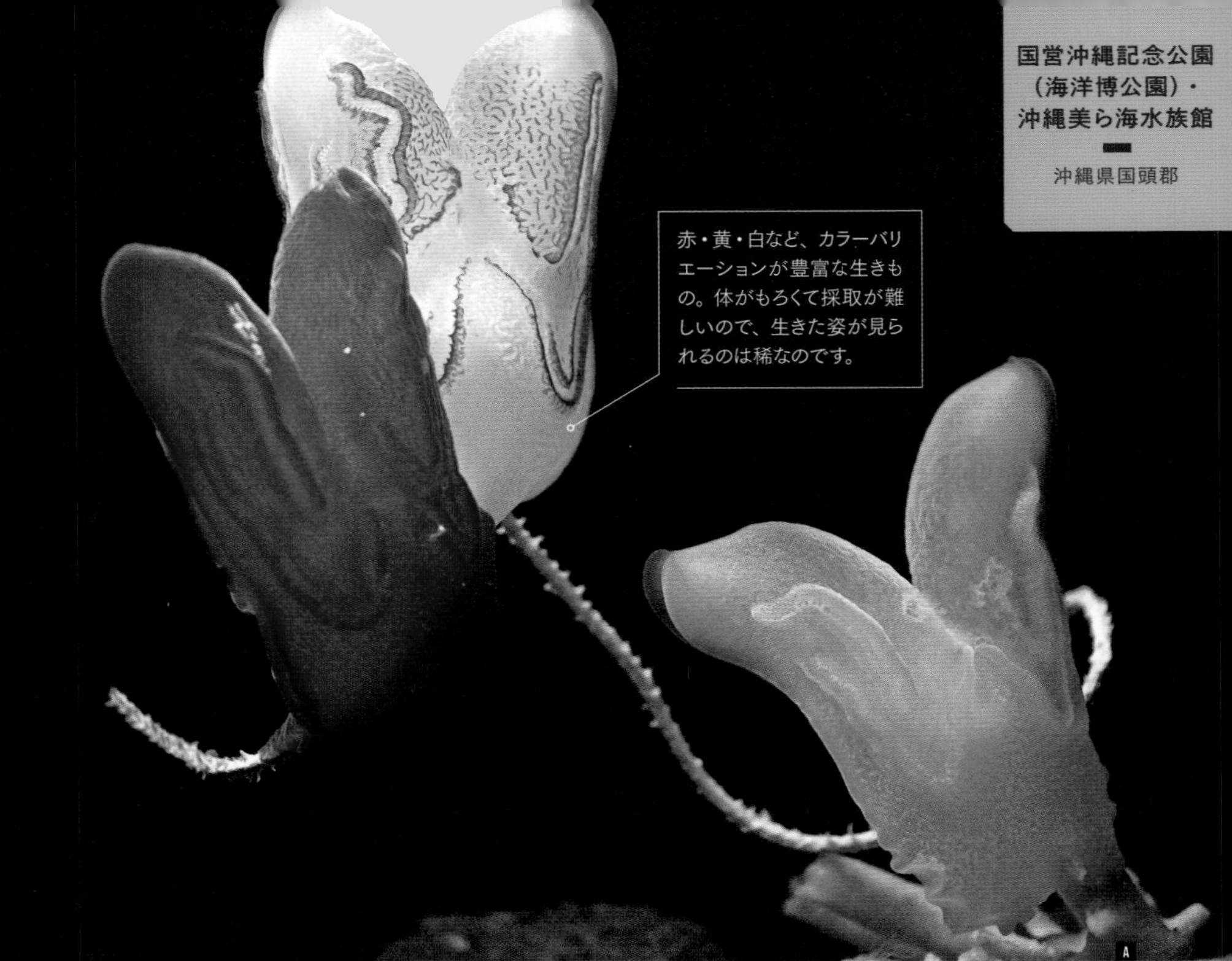

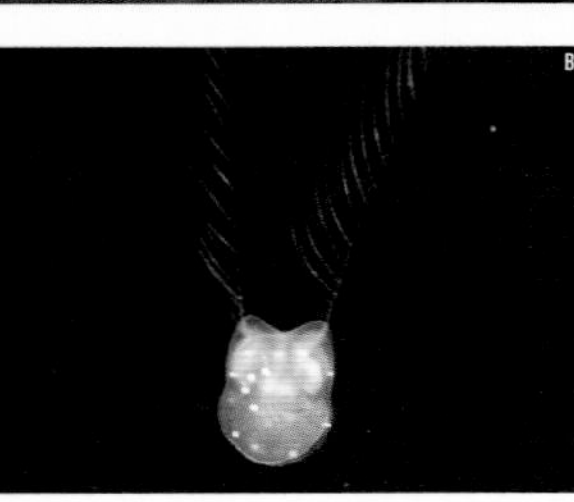

A 飼育下では30cm程度まで成長することも。体の10倍以上もある長い触手を出し入れして、エサとなるプランクトンを捕まえます。 B 生まれた直後は大きさ2㎜ほど。小さな頃から大人顔負けの立派な触手を伸ばします。 C 同館で繁殖に成功したコトクラゲたち。細くしなやかな触手が見えますか？

色とりどりで魅力的 深海の泳がないクラゲ

コトクラゲ

有触手綱クシヒラムシ目コトクラゲ科
2022年5月13日

深海の海底で岩などにくっついて暮らし、体の先端から粘着質の長い触手を伸ばしてエサがかかるのをじっと待ちます。水流になびくやわらかな体や、長い触手を出し入れする姿には、ついつい時間を忘れて見入ってしまうような不思議な魅力があります。運よくエサやりの時間に遭遇すれば、小さなプランクトンを次々とキャッチする姿が観察できるかも?!

同館では飼育下での繁殖にも成功しており、日々成長する姿を観察することができます。

写真提供（p184）：国営沖縄記念公園（海洋博公園）・沖縄美ら海水族館

器用に手を使ってエサを食べるキュウ。植物食で、口の中にある硬いそしゃく板と、きゅう歯（奥歯）でエサをすりつぶします。

A 体重400〜600kgにもなる体を草食で支えていることに驚くお客さんも。食事時間はまちまちですが、10〜11時頃、または13時過ぎ頃が狙い目です。 B C 久しぶりの出産でも安定した子育てをしたマヤ。だいぶ大きくなったキュウですが、まだまだお母さんのそばにいたいみたい。行動がシンクロすることも多く微笑ましい。

大きな体に優しい目
20年ぶりに誕生しました

マヤ&キュウ

アメリカマナティー

哺乳綱海牛目マナティー科
マヤ▶ ── ／♀
キュウ▶2021年6月16日／♂

お母さんのマヤが2001年に同館でユマを出産して以来、国内3例目、20年ぶりに誕生した仔マナティーがキュウです。体長123㎝、34kgで誕生。3日目には無事にお母さんのお乳を飲んでいるところが確認されましたが、母乳の量が不足していたため、国内初の介添哺乳を行いました。そうして順調に成長。お母さんに寄り添いながらも、レタスやハクサイをモグモグ食べたり、気になるものがあると見に行ったり、わんぱくに育っています。

写真提供（p185）：国営沖縄記念公園（海洋博公園）・マナティー館

瞳孔がW型の大きな目と、のんびり泳ぐ
姿が印象的。でもエサを捕る時はすごい
速さで腕（触腕）を伸縮させます。

サンゴ礁にとけこんで自由自在に色を変える

—

コブシメ

頭足綱コウイカ目
コウイカ科

沖縄でクブシミと呼ばれるコウイカの仲間です。暖かい海に住み、コウイカ類の中では最大級。食用としても大切な生きものです。背景に合わせて色を変えるかくれんぼ名人なので楽しみに探してみて。

長寿＆元気の秘訣は
よく食べよく動くこと？

オキ

ミナミバンドウイルカ

哺乳綱鯨偶蹄目マイルカ科

2023年5月で飼育49年目を迎え、国内最長飼育記録を更新中。現役でショーに出演する人気者で、オキちゃんに会いに来るお客さんが絶えません。年下のイルカたちに負けないキレキレのパフォーマンスを披露します。

写真提供（p186 ミナミバンドウイルカ）：国営沖縄記念公園（海洋博公園）・オキちゃん劇場

魚類最大のジンベエザメ。世界最長飼育記録（28年）を更新するジンタの全長は、飼育開始時の約4.6ｍから8.8ｍになりました。エサやりの時間には立ち泳ぎでエサを海水ごと吸い込み食べる姿が見られるかも。

世界最長飼育の記録を更新中

ジンタ

ジンベエザメ

軟骨魚綱テンジクザメ目
ジンベエザメ科

ジンベエザメには目のまわりにウロコがあり、目を3～4cm引っ込めることが新に発見されました。

複数飼育と繁殖に世界で初めて成功

—

ナンヨウマンタ

軟骨魚綱トビエイ目
イトマキエイ科

エイの仲間では最大級になる種類ですが、小さなプランクトンをエサにしている穏やかなマンタ。水中にあるエサを食べる時などに後方回転する姿は、まるで踊っているかのよう。

おなかまで黒い個体も同じナンヨウマンタです。世界でも珍しく「ブラックマンタ」の通称で呼ばれます。

写真提供（p186-187）：
国営沖縄記念公園（海洋博公園）・
沖縄美ら海水族館

DMM
かりゆし水族館

沖縄県豊見城市

いかつい顔と体に対して小さな前足がアンバランスでかわいらしい。

A 水中でじっと身を潜めて獲物を待つ姿はこわいけれどカッコいい。大人になると陸上で過ごす時間も長くなります。
B C ふだんはあまりに動かないので「本物ですか?」と聞かれるほど。動いている姿に会えたらラッキーです。ところが獲物を見つけると一転、すばやい動きと大きな口で仕留める獰猛なハンター。

じっと動かず 自分の領域を守る

ブラジルカイマン

ワニ目アリゲーター科

―/♂

成長すると2m近くにもなるワニ。ブラジルやエクアドルなどの南アメリカ大陸が故郷です。野生では魚や両生類、小さめの哺乳類などを捕らえて食べます。

水槽掃除は「掃除したい飼育員さん」対「掃除されたくないブラジルカイマン」の図。威嚇などあの手この手でじゃまをしてくるので、飼育員さんたちも安全のため知恵をしぼります。勝率は、だいたい7~8割が人間の勝利。でも根負けして掃除をあきらめることもあるんです。

大きな爪とゴワゴワの毛。小さな耳も特徴的。やわらかいおなかを見せるのは敵がいないとわかっているからです。

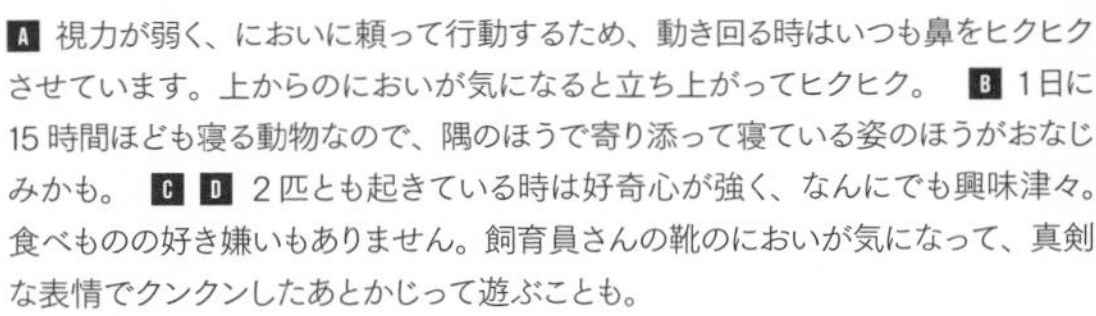

A 視力が弱く、においに頼って行動するため、動き回る時はいつも鼻をヒクヒクさせています。上からのにおいが気になると立ち上がってヒクヒク。 **B** 1日に15時間ほども寝る動物なので、隅のほうで寄り添って寝ている姿のほうがおなじみかも。 **C** **D** 2匹とも起きている時は好奇心が強く、なんにでも興味津々。食べものの好き嫌いもありません。飼育員さんの靴のにおいが気になって、真剣な表情でクンクンしたあとかじって遊ぶことも。

甲羅は硬くおなかはやわらか 意外と毛深い

ムツオビアルマジロ

哺乳綱被甲目アルマジロ科

—／♂

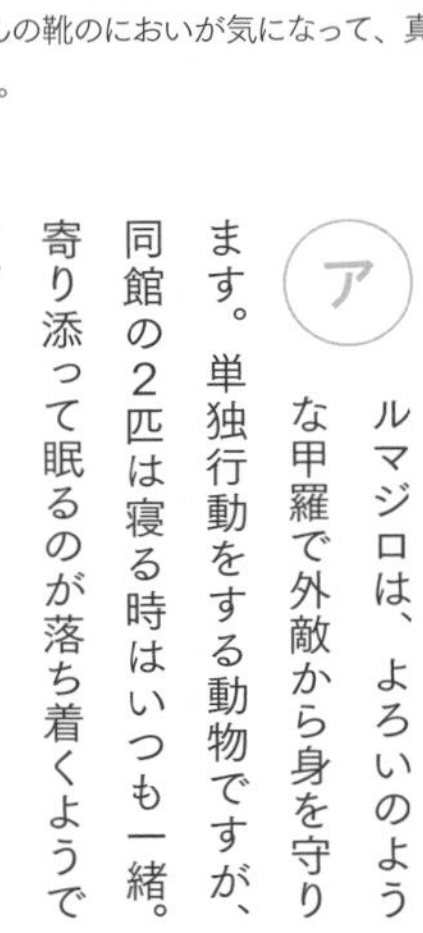

アルマジロは、よろいのような甲羅で外敵から身を守ります。単独行動をする動物ですが、同館の2匹は寝る時はいつも一緒。寄り添って眠るのが落ち着くようです。

リンゴやバナナといった果物から卵や人工エサまでなんでもよく食べます。お昼頃と14～17時くらいまで、1日2回の食事タイムは寝てばかりいるアルマジロが動き回るチャンス。ただし食べる勢いはよくすぐに空にして、またお昼寝です。

写真提供（p188-191）：DMMかりゆし水族館

やわらかなサンゴ

D

—

ススキムレヤギ

ウミトサカ目
ウチワヤギ科

サンゴの硬いイメージと違い水にたなびくやわらかさ。コケが生えたりゴミが付着すると脱皮します。

おなかの中によつば

C

—

ミズクラゲ

鉢虫綱旗口クラゲ目
ミズクラゲ科

   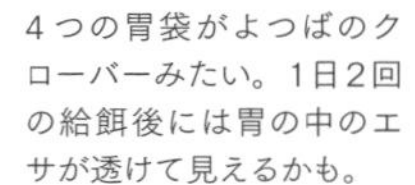

4つの胃袋がよつばのクローバーみたい。1日2回の給餌後には胃の中のエサが透けて見えるかも。

サンゴなんです

B

—

マメスナギンチャク

スナギンチャク目
スナギンチャク科

イソギンチャクみたいなサンゴ。緑や茶など色味が豊富で、環境の違いなどで色の濃淡も変わります。

真っ赤な体はふさふさ

A

—

コモンヤドカリ

軟甲綱十脚目
ヤドカリ科

ふさふさの毛とつぶらな瞳が印象的。器用に手足を使い夢中になってアジを食べる姿に魅了されます。

※展示のない期間あり

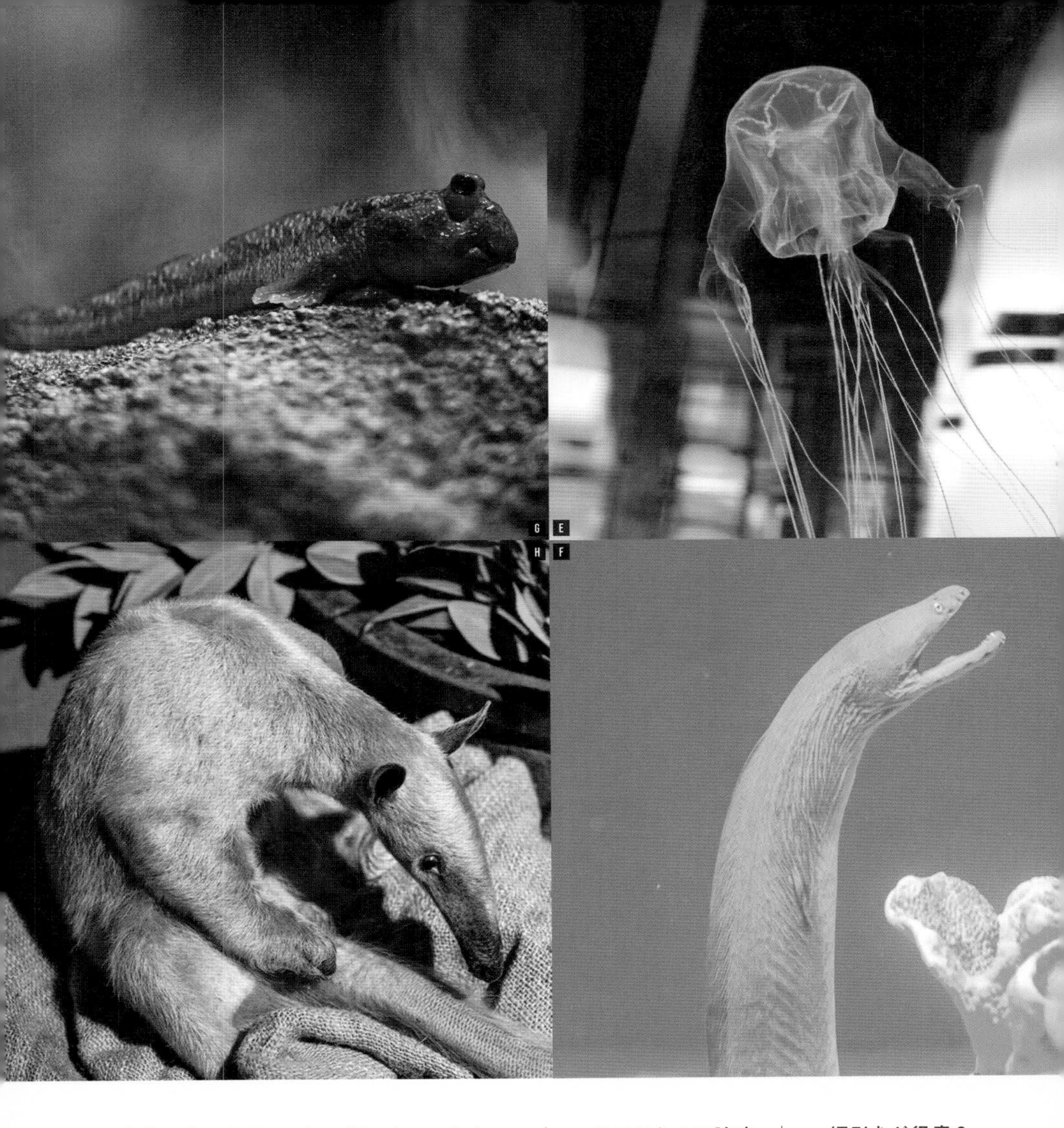

食事の後に注目

H

ミナミコアリクイ

哺乳綱有毛目
オオアリクイ科

ごはんのスムージーを食べた後は顔中がスムージーだらけ。甘えたい時だけ膝に乗ってくるツンデレです。

押し合いへし合い

G

ミナミトビハゼ

条鰭綱スズキ目
ハゼ科

突き出た目だけ出して水浴びし、ぴょんぴょん跳ね、頭をぶつけ合いながらエサを食べたりとユーモラス。

コワモテなのに臆病

F

オナガウツボ

条鰭綱ウナギ目
ウツボ科

珍しい種類なので生態観察に注力。岩に隠れてばかりで、飼育員さんも全身を見るのはまれだとか。

綱引きが得意？

E

ハブクラゲ

箱虫綱ネッタイアンドンクラゲ目
ネッタイアンドンクラゲ科

優雅な姿に似合わぬ食いしんぼう。エサのアジが触れたらすぐに触手を巻き付け取り合いになることも。

※8～9月のみ展示

撮影

●阪田真一
（さかた・しんいち）

動物園写真家・動物園ライター。動物園・水族館・植物園を専門に撮影取材。動物たちを始め、園内で働く人や環境、園内外で行われるイベントの取材記事を手がけると共に、近年では雑誌のインタビューやラジオ出演などでその魅力を伝えている。広告写真家協会（会友）。
twitter:：@ZooPhotoShin1

●土肥祐治
（どい・ゆうじ）

埼玉県在住。雑誌や広告などの媒体で幅広い被写体を相手に活動するカメラマン。母校である阿佐ヶ谷美術専門学校で写真の講師を務めるほか、書籍の執筆も手掛ける。趣味は美術館めぐり、ネコめぐりとスキー。

●鈴本 悠
（すずもと・ゆう）

ライター、時々カメラマン。執筆分野はジャンル問わず幅広く、写真は好きなものやその時々に興味をひかれたものの撮影に挑戦。特に愛猫の撮影を極めたいと奮闘中。子どもの頃の夢のひとつはトリの研究者。

BOOK STAFF

■ 編集　稲 佐知子
　出口圭美（G.B.）
■ 編集協力　柏倉優衣美、澤木雅也
■ 執筆　鈴本 悠
　松下梨花子
■ 校正　大野由理
■ デザイン　別府 拓（Q.design）
■ DTP　佐藤世志子
■ 用紙　紙子健太郎（竹尾）
■ 営業　峯尾良久、長谷川みを（G.B.）

水族館めぐり シーズン2

初版発行　2023年5月28日
第2刷発行　2024年12月28日

編集発行人　坂尾昌昭
発行所　株式会社 G.B.
〒102-0072 東京都千代田区飯田橋4-1-5
電話　03-3221-8013（営業・編集）
FAX　03-3221-8814（ご注文）
URL　https://www.gbnet.co.jp
印刷所　株式会社シナノパブリッシングプレス

ISBN 978-4-910428-29-1